Mohamed Ferhat
Mustapha Meghnafi
Tayeb Blouhi

Algèbre 1 Rappels de Cours et exercices corrigées

Mohamed Ferhat
Mustapha Meghnafi
Tayeb Blouhi

Algèbre 1 Rappels de Cours et exercices corrigées

Mathématiques

Noor Publishing

Imprint
Any brand names and product names mentioned in this book are subject to trademark, brand or patent protection and are trademarks or registered trademarks of their respective holders. The use of brand names, product names, common names, trade names, product descriptions etc. even without a particular marking in this work is in no way to be construed to mean that such names may be regarded as unrestricted in respect of trademark and brand protection legislation and could thus be used by anyone.

Cover image: www.ingimage.com

Publisher:
Noor Publishing
is a trademark of
International Book Market Service Ltd., member of OmniScriptum Publishing Group
17 Meldrum Street, Beau Bassin 71504, Mauritius
Printed at: see last page
ISBN: 978-620-0-07509-3

REPUBLIQUE ALGERIENNE DEMOCRATIQUE ET POPULAIRE

MINISTERE DE L'ENSEIGNEMENT SUPERIEUR ET DE LA RECHERCHE SCIENTIFIQUE

Algèbre I

Rappels de Cours

Et

Exercices Corrigés

Meghnafi Mustapha, Ferhat Mohamed et Blouhi Tayeb

Table des matières

Introduction

Cet ouvrage est un support de cours d'Algèbre ; il est principalement destiné aux étudiants de première année des troncs communs MI et ST. Il peut aussi servir aux étudiants de première année des filières scientifiques et technologiques.

Ce manuscrit contient les notions de base qu'un étudiant de première année doit absolument connaitre. Il est composé de cinq chapitres :

Le premier chapitre est consacré à l'étude de l'arithmétique dans l'Anneau $\mathbb{Z}$.

Dans le second chapitre ensembles et applications, sont présentées les notions de base realtives aux ensembles ainsi que les applications et leur classification injective, surjective et bijective.

Dans le troisième chapitre Relations Binaires dans un Ensemble on se focalise surtout sur les relations d'équivalence et d'ordre dans un ensemble.

Le quatrième chapitre Structures Algébriques est consacré àl' introduction des différentes structures algébriques à savoir groupes, anneaux, idéaux et corps.

Dans le dernier chapitre on donne quelques notions sur les polynômes.

Chaque chapitre est conclu par une série d'exercices corrigés, de degré de difficulté variable.

Nous avons fait le choix délibéré de ne mettre aucune démonstration ; et de ne mettre que les notions qui nous semblent être les plus importantes. En allant directement à l'essentiel, on espère que ce manuscrit ne sera pas rébarbatif pour l'étudiant, et qu'il lui sera utile dans ses études et pour ses révisions.

Je tiens à exprimer toute ma gratitude et ma reconnaissance à Monsieur **Miri Sofiane El-Hadi** (Professeur au Département de Mathématiques de l'Université de Tlemcen) pour m'avoir fait part de ses remarques toujours pertinentes et constructives ; qui ont contribué à améliorer de façon significative le fond et la forme de ce manuscrit.

Je tiens à remercier chaleureusement Monsieur **El Hendi Hichem**, Maître de conférences au Département de Mathématiques de l'Université de Bechar, qui m'a encouragé jusqu'à la réalisation de ce document.

Il est certain que la première version de cet ouvrage est perfectible, et qu'elle contient certaines erreurs, c'est pourquoi j'invite tous les lecteurs, étudiants ou enseignants à me faire parvenir leurs remarques et commentaires à mon adresse **mail :megnafi3000@yahoo.fr** ou adresser mes collaborateurs **mail :ferhat22@hotmail.fr**, **mail :blouhitayeb1984@gmail.com**

Meghnafi Mustapha «author»

Department of Mathematics and Informatics

Faculty of Exact Sciences

University Tahri Mohamed, Bechar

PO Box 417, 08000 Bechar, Algeria

E-mail : megnafi3000@yahoo.fr

****

Ferhat Mohamed «collaborator»

Departement of mathematics

Faculty of mathematics and computer science

University of Science and Technology Mohamed-Boudiaf

El Mnaouar, BP 1505, Bir El Djir 31000, (Oran),(Algeria) E-mail : ferhat22@hotmail.fr

****

Blouhi Tayeb «collaborator»

Departement of mathematics

Faculty of mathematics and computer science

University of Science and Technology Mohamed-Boudiaf

El Mnaouar, BP 1505, Bir El Djir 31000, (Oran),(Algeria) E-mail :

blouhitayeb1984@gmail.com

Chapitre 1

Arithmétique dans $\mathbb{Z}$

L'arithmétique concerne l'étude des entiers naturels $\mathbb{N}$ ou relatifs $\mathbb{Z}$, donc le mode de résolution dans les ensembles $\mathbb{N}$ ou $\mathbb{Z}$ est différent de celui dans l'ensemble des réels $\mathbb{R}$.

1.1 *Multiples et diviseurs dans $\mathbb{Z}$*

Définition 1.1.1. *Soient a et b deux entiers, on dit que a divise b, ou que b est un multiple de a s'il existe un entier k tel que $b = ka$. On note a/b.*

Exemple

- $5/10$ car $10 = 2 \times 5$
- $-3/21$ car $21 = (-7) \times (-3)$

Propriétés

Soient a, b et c trois entiers, alors on a

1. a/a, $1/a$
2. Si a/b alors $a/-b$
3. Si a/b et $b \neq 0$ alors $|a| \leq |b|$
4. Si $a/1$ alors $a = \pm 1$

5. Si a/b et b/c alors a/c
6. Si a/b et a/c alors $a/(\alpha b+\beta c)$, pour tout α, β dans $\mathbb{Z}$
7. Si a/b et b/a alors $|a|=|b|$, pour a, b non nuls
8. Si a/b alors a/mb, pour tout entier m
9. Si a/b alors ac/bc
10. Si a/b et m/c alors am/bc, pour tout entier m
11. Si a/b alors a^n/b^n pour tout $n\in\mathbb{N}^*$.

Remarque

Si un entier a est divisible par 2, ou encore multiple de 2, il est dit pair, si non il est dit impair.

1.1.1 *Règles de divisibilité*

1. Un entier est divisible par 2 s'il se termine par 0, 2, 4, 6 et 8

   Exemple 10, 12, 14, 16, 208 sont divisibles par 2

2. Un entier est divisible par 5 s'il se termine par 0 ou 5

   Exemple 170, 225 sont divisibles par 5

3. Un entier est divisible par 10 s'il se termine par 0

   Exemple 210, 1050 sont divisibles par 10

4. Un entier est divisible par 4, si le nombre formé par les deux derniers chiffres est divisible par 4

   Exemple

   2428 est divisible par 4 car 28 est divisible par 4

   251 n'est pas divisible par 4 car 51 n'est pas divisible par 4

5. • Un entier est divisible par 3, si la somme de ses chiffres est divisible par 3

   • Un entier est divisible par 9, si la somme de ses chiffres est divisible par 9

   Exemple

   9408 est divisible par 3 car $9+4+0+8=21$ et 21 divisible par 3

   819 est divisible par 9 car $8+1+9=18$ et 18 divisible par 9

6. Un entier est divisible par 11, si la différence entre la somme des chiffres de rangs pairs et la somme des chiffres de rangs impairs est divisible par 11

   Exemple

   8767 est divisible par 11 car $(8+6)-(7+7)=0$ et 0 divisible par 11

   9592 est divisible par 11 car $(9+9)-(5+2)=11$ et 11 divisible par 11

7. Un entier est divisible par 7, si le résultat de la soustraction du nombre de dizaines par le double du chiffre des unités est multiple de 7

   Exemple

   196 est divisible par 7 car $(19)-(2\times 6)=7$ et 7 divisible par 7

   385 est divisible par 7 car $(38)-(2\times 5)=28$ et 28 divisible par 7

1.2 *Division euclidienne*

Théorème 1.2.1. *Soit a un esntier donné et b un entier naturel non nul, alors il existe deux entiers q et r tels que : $a=bq+r$, $\quad 0\leq r<b$. De plus q et r sont uniques.*
a s'appelle le dividende, b le diviseur, q le quotient et r le reste.

Remarque Si $r=0$ alors b divse a.

Exemple

- La division euclidienne de 112 par 5 est : $112 = 5 \times 22 + 2$
- La division euclidienne de -14 par 3 est : $-14 = 3 \times (-5) + 1$

Remarque b divise a si et seulement si, le reste de la division euclidienne de a par b est nul.

1.2.1 *Congruences*

Définition 1.2.1. *Soit n un entier naturel non nul et soient a, b deux entiers donnés.*

On dit que a et b sont congrus modulo n ou encore que a est congru à b modulo n,

si n divise $(a - b)$. On note alors $a \equiv b[n]$

Exemple $13 \equiv 1[2]$, $7 \equiv 3[4]$, $25 \equiv 0[5]$

Propriétés

Soit n un entier naturel non nul. Soient a, b et c des entiers donnés, alors on a

1. $a \equiv a[n]$
2. $a \equiv b[n] \Leftrightarrow b \equiv a[n]$
3. $a \equiv b[n]$ et $b \equiv c[n]$, alors $a \equiv c[n]$
4. $a \equiv 0[n]$, alors n/x

Proposition

Soient a, b, c et d des entiers donnés. Soient n et m deux entiers naturels non nuls.

1) Si $a \equiv b[n]$ et $c \equiv d[n]$, alors

- $a + c \equiv (b + d)[n]$
- $a - c \equiv (b - d)[n]$
- $ac \equiv bd[n]$

2) Si $a \equiv b[n]$, alors $a^m \equiv b^m[n]$

1.2.2 *Plus grand commun diviseur*

Définition 1.2.2. *Soient a et b deux entiers naturels non nuls. Parmi tous les diviseurs communs de a et de b, il y en a "un" qui est plus grand que tous les autres. Ce dernier est applé le plus grand commun diviseur de a et de b, on le note $pgcd(a,b)$ ou encore $a \wedge b$.*

Exemple

$pgcd(12,6) = 6, \quad pgcd(28,42) = 14, \quad pgcd(51,16) = 1$

Propriétés

Soient a, b et k des entiers naturels non nuls, alors on a

1. $pgcd(a,1) = 1, \quad pgcd(a,a) = a$
2. $pgcd(a,b) = pgcd(b,a)$
3. $pgcd(ka,kb) = kpgcd(a,b)$
4. Si a/b alors $pgcd(a,b) = a$
5. $pgcd(a,b) \leq a, \quad pgcd(a,b) \leq b$
6. Pour $a,\ b \in \mathbb{Z}$, $pgcd(a,b) = pgcd(|a|,|b|)$
7. $pgcd(a,b) = pgcd(b,a-b)$
8. Si $a = bq + r$, alors $pgcd(a,b) = pgcd(b,r)$

1.2.3 *Détermination du $pgcd$ de deux entiers naturels*

$a)$ Méthode de L'Algorithme d'Euclide

Pour calculer le $pgcd$ de deux entiers naturels non nuls a et b $(a > b)$, on affectue une division euclidienne de a par b, puis des divisions euclidiennes successives du diviseur par le reste r de la division antérieure jusqu'à l'obtention une division euclidienne dont le reste r est nul. Le $pgcd(a,b)$ est aussi égal au dernier reste non nul.

Exemple

Trouver le $pgcd(1755, 315)$

On a

$1755 = 315 \times 5 + 180$

$315 = 180 \times 1 + 135$

$180 = 135 \times 1 + 45 \quad \longleftarrow \quad$ dernier reste est non nul

$135 = 45 \times 3 + 0 \quad \longleftarrow \quad$ reste est nul.

Ainsi, $pgcd(1755, 315) = 45$

b) Méthode des soustractions successives

Pour calculer le $pgcd$ de deux entiers naturels non nuls a et b $(a > b)$ par la méthode des soustractions successives, on remplace l'entier naturel a par l'entier naturel $(a - b)$, puis on réitère le procédé jusqu'à l'obtention de deux entiers naturels égaux (soustraction dont le résultat est nul.)

Le $pgcd(a,b)$ est ainsi égal à ces deux derniers entiers naturels.

Exemple Trouver le $pgcd(8729, 3741)$

On a

$pgcd(8729, 3741) = pgcd(4988, 3741)$ car $8729 - 3741 = 4988$

$pgcd(4988, 3741) = pgcd(3741, 1247)$ car $4988 - 3741 = 1247$

$pgcd(3741, 1247) = pgcd(2494, 1247)$ car $3741 - 1247 = 2494$

$pgcd(2494, 1247) = pgcd(1247, 1247)$ car $2494 - 1247 = 1247$

$pgcd(1247, 1247) = 1247$ car $1247 - 1247 = 0$

Ainsi, $pgcd(8729, 3741) = 1247$

1.2.4 *Plus petit commun multiple*

Définition 1.2.3. *Soient a et b deux entiers naturels non nuls.*

Parmi les multiples de a et ceux de b, nous allons choisir les multiples communs,

et parmi ces multiples communs nous allons choisir le plus petit.

Ce dernier est appelé le plus petit commun multiple de a et de b, on le note $ppcm(a, b)$

ou encore $a \vee b$.

Propriétés

Soient a, b et k des entiers naturels , alors on a

1. $ppcm(a, 1) = a, \quad ppcm(a, a) = a$
2. $ppcm(a, b) = ppcm(b, a)$
3. $ppcm(ka, kb) = kppcm(a, b)$
4. Pour tout $a, b \in \mathbb{Z}$, $ppcm(a, b) = ppcm(|a|, |b|)$

Proposition

Soient a, b deux entiers naturels non nuls, alors on a :

$ppcm(a, b) \times pgcd(a, b) = a \times b.$

1.2.5 *Détermination du $ppcm$ de deux entiers naturels*

Proposition

Soient a et b deux entiers naturels, le $ppcm(a, b)$ est égal au produit de tous les facteurs premiers de a et de tous ceux de b, avec pour chacun d'eux l'exposant le plus grand de ceux qu'il a dans la décomposition de a et de b.

Exemple Détermine le $ppcm(18, 21)$.

On a

$18 = 2 \times 3^2 \quad 21 = 7 \times 3$, donc $ppcm(18, 21) = 2 \times 3^2 \times 7 = 126$.

1.2.6 *Nombre premier*

Définition 1.2.4. *Un nombre premier est un entier naturel strictement supérieur à* 1 *et qui a pour seul diviseur* 1 *et lui même.*

Exemple

$2, 3, 5, 7, 11, 13, 17, 19, 23, 29, 31, 37$ sont des nombres premiers.

1.2.7 *Entiers premiers entres eux*

Définition 1.2.5. *On dit que deux entiers non nuls a et b sont premiers entre eux si*

$$pgcd(a, b) = 1$$

Exemple

$pgcd(45, 14) = 1$, alors 45 et 14 sont premiers entre eux.

Identité de Bézout.

Inégalité 1.2.1. *Soient a et b deux entiers non nuls. Alors il existe deux entiers u et v tels que $au + bv = pgcd(a, b)$*

1.2.8 Théorème de Bézout.

Théorème 1.2.2. *Deux entiers non nuls a et b sont premiers entre eux si et seulement s'il existe deux entiers u et v tels que $au + bv = 1$*

Exemple

- 7 et 12 sont premiers entre eux car $7 \times 7 + 12 \times (-4) = 1$
- $n + 1$ et n sont premiers entre eux car $(n + 1) \times 1 - n \times 1 = 1$

Lemme de Gauss

Lemme 1.2.1. *Soient a, b et c trois entiers non nuls.*

Si a divise le produit bc et si a et b sont premiers entre eux, alors a divise c.

Exemple

Soient a et b deux entiers tels que $7a = 16b$, 16 divise le produit $7a$, les entiers 16 et 7 sont premiers entre eux, donc 16 divise a de *même* 7 divise b.

1.2.9 *L'équation diophantienne*

Dans cette partie, on s'interesse à l'existence des solutions entiers (x, y) dans $\mathbb{Z}^2$ de l'équation diophantienne $ax + by = c$, où a, b et c sont des entiers, x et y sont les inconnus à trouver dans $\mathbb{Z}$.

Théorème 1.2.3. *Considérons l'équation diophantienne*

$$ax + by = c \qquad (E)$$

où $a,\ b,\ c \in \mathbb{Z}$

1) *L'équation* (E) *possède des solutions* $(x, y) \in \mathbb{Z}^2$ *si et seulement si* $d = pgcd(a, b)$ *divise* c*. De plus l'ensemble des solutions est donné par*

$$S = \{(x, y) = (x_0 + \tfrac{b}{d}k, y_0 - \tfrac{a}{d}k) \quad k \in \mathbb{Z}\},$$

où (x_0, y_0) *est une solution particulière de l'équation* (E)

2) *Si* d *ne divise pas* c*, alors l'équation* (E) *ne possède pas des solutions entiers.*

1.3 Exercices sur L'arithmétique dans $\mathbb{Z}$

Exercice 1.1. *Montrer que pour tout entier naturel n, on a*

a) $2^{4n} - 1$ *est divisible par* 5

b) $3^{2n} - 2^n$ *est divisible par* 7

c) $3^{2n+1} + 2^{n+2}$ *est divisible par* 7

Solution

a) Comme $2^4 \equiv 1[5]$, alors $2^{4n} \equiv 1[5]$, $\forall n \in \mathbb{N}$ donc $2^{4n} - 1 \equiv 0[5]$

Par suite, $\forall n \in \mathbb{N}$, $2^{4n} - 1$ est divisible par 5.

b) Comme $3^2 \equiv 2[7]$, alors $3^{2n} \equiv 2^n[7]$, $\forall n \in \mathbb{N}$, donc $3^{2n} - 2^n \equiv 0[7]$

D'où, $\forall n \in \mathbb{N}$, $3^{2n} - 2^n$ est divisible par 7

c) Comme $3^2 \equiv 2[7]$, alors $3^{2n+1} \equiv 2^n.3[7]$, $\forall n \in \mathbb{N}$.

Par ailleurs, $2^2 \equiv 4[7]$, alors $2^{n+2} \equiv 2^n.4[7]$,

d'où

$$\begin{aligned} 3^{2n+1} + 2^{n+2} &\equiv 2^n(3+4)[7] \\ &\equiv 2^n.7[7] \\ &\equiv 0[7] \end{aligned}$$

Par suite, $\forall n \in \mathbb{N}$, $3^{2n+1} + 2^{n+2}$ est divisible par 7

Exercice 1.2. *a) Montrer qu'un entier est divisible par* 3 *si et seulement si, la somme de ses chiffres est divisible par* 3

b) Montrer qu'un entier est divisible par 9 *si et seulement si, la somme de ses chiffres est divisible par* 9

c) Montrer qu'un entier est divisible par 11 *si et seulement si, la somme de ses chiffres alternés est divisible par* 11

Solution

a) Soit $M = a_n a_{n-1}....a_0$ un entier représente en base 10 alors

$M = a_0 + a_1.10 + a_2.10^2 + ... + a_n 10^n$

Comme $10 \equiv 1[3]$, alors $10^k \equiv 1[3]$, pour tout $k \in \mathbb{N}$, d'où $M \equiv (a_n + a_{n-1} + ... + a_1 + a_0)[3]$

Par suite M est divisible par 3, si et seulement si, la somme de ses chiffres

est divisible par 3

Exemple Le nombre 45894 est divisible par 3 car le nombre $4 + 5 + 8 + 9 + 4 = 30$

est divisible par 3

b) Soit $M = a_n a_{n-1}....a_0$ un entier représente en base 10 alors,

$M = a_0 + a_1.10 + a_2.10^2 + ... + a_n 10^n$

Comme $10 \equiv 1[9]$, alors $10^k \equiv 1[9]$, pour tout $k \in \mathbb{N}$, d'où $M \equiv (a_n + a_{n-1} + ... + a_1 + a_0)[9]$

Par conséquant M est divisible par 9, si et seulement si, la somme de ses chiffres est divisible

par 9

Exemple Le nombre 4527 est divisible par 9 car le nombre $4 + 5 + 2 + 7 = 18$

est divisible par 9.

c) Soit $M = a_n a_{n-1}....a_0$ un entier représente en base 10 alors,

$M = a_0 + a_1.10 + a_2.10^2 + ... + a_n 10^n$

Comme $10 \equiv -1[11]$, alors $10^k \equiv (-1)^k[11]$, pour tout $k \in \mathbb{N}$,

d'où

$$\begin{aligned} M &\equiv (a_n(-1)^n + a_{n-1}(-1)^{n-1} + ... + a_1(-1) + a_0)[11] \\ &\equiv (a_0 - a_1 + ... + (-1)^n a_n)[11] \end{aligned}$$

Par suite M est divisible par 11, si et seulement si, la somme de ses chiffres

altèrnés est divisible par 11

Exemple : Le nombre 7198928 est divisible par 11 car le nombre

$(7+9+9+8)-(1+8+2)=22$ est divisible par 11

Exercice 1.3. *Déterminer, selon les valeurs de* $n \in \mathbb{Z}$, *le* $pgcd(a,b)$

1) $a = 2n+1$ *et* $b = n-5$

2) $a = 2n+3$ *et* $b = 5n-2$

Solution

1. On a : $a-2b=11$, donc $a=2b+11$, alors $pgcd(a,b)=pgcd(b,11)$.

   Comme 11 est un nombre premier, le $pgcd(b,11)$ ne peut valoir que 1 ou 11.

$$\begin{aligned} \bullet pgcd(b,11)=11 &\Leftrightarrow 11 \text{ divise } b \\ &\Leftrightarrow b \equiv 0[11] \\ &\Leftrightarrow n-5 \equiv 0[11] \\ &\Leftrightarrow n \equiv 5[11] \\ &\Leftrightarrow n = 11k+5, \quad k \in \mathbb{N} \end{aligned}$$

   On conclut que le $pgcd(a,b) = \begin{cases} 11 & \text{si } n = 11k+5 \\ 1 & \text{si non} \end{cases}$

2. On a : $5a-2b=19$, donc $5a=2b+19$, alors $pgcd(a,b)=pgcd(b,19)$.

Comme 19 est un nombre premier, alors $pgcd(b,19)=1$ ou $pgcd(b,19)=11$.

$$\begin{aligned} \bullet pgcd(b,19)=19 &\Leftrightarrow 19 \text{ divise } b \\ &\Leftrightarrow b\equiv 0[19] \\ &\Leftrightarrow 5n-2\equiv 0[19] \\ &\Leftrightarrow 5n\equiv 2[19] \\ &\Leftrightarrow 20n\equiv 8[19] \\ &\Leftrightarrow n\equiv 8[19] \\ &\Leftrightarrow n=19k+8, \quad k\in\mathbb{N} \end{aligned}$$

On conclut que le $pgcd(a,b)=\begin{cases} 19 & \text{si } n=19k+8 \\ 1 & \text{si non} \end{cases}$

Exercice 1.4. *Soient a, b deux entiers naturels non nuls.*

Soient $x=7a+5b$ et $y=4a+3b$

Montrer que $pgcd(x,y)=pgcd(a,b)$.

Solution

On a

- $7a+5b=4a+3b+3a+2b$, donc $pgcd(7a+5b,4a+3b)=pgcd(4a+3b,3a+2b)$
- $4a+3b=3a+2b+a+b$, donc $pgcd(4a+3b,3a+2b)=pgcd(3a+2b,a+b)$.
- $3a+2b=2(a+b)+a$, donc $pgcd(3a+2b,a+b)=pgcd(a+b,a)=pgcd(a,b)$

On en déduit que $pgcd(x,y)=pgcd(a,b)$.

Exercice 1.5. *Déterminer les nombres entiers naturels x et y tels que*

1) $\begin{cases} x+y=204 \\ pgcd(x,y)=17 \end{cases}$

2) $\begin{cases} x+y=108 \\ pgcd(x,y)=12 \end{cases}$

Solution

1. Soient a et b des entiers naturels tels que $x = 17a$, $y = 17b$ avec a et b sont premiers entre eux.

   On a $\begin{cases} x+y=204 \\ pgcd(x,y)=17 \end{cases} \iff \begin{cases} a+b=12 \\ pgcd(a,b)=1 \end{cases}$

   On cherche tous les couples (a,b) d'entiers naturels vérifiant cette dernière relation et on ne garde que les couples d'entiers premiers entre eux, on trouve

   $(a,b) \in \{(1,11),(5,7),(7,5),(11,1)\}$.

   Par suite $(x,y) \in \{(17,187),(85,119),(119,85),(187,17)\}$.

2. Comme $pgcd(x,y) = 12$, donc $x = 12a$, $y = 12b$ avec $pgcd(a,b) = 1$

   On a $\begin{cases} x+y=108 \\ pgcd(x,y)=12 \end{cases} \iff \begin{cases} a+b=9 \\ pgcd(a,b)=1 \end{cases}$

donc $(a,b) \in \{(1,8);(2,7);(4,5);(5,4);(7,2);(8,1)\}$.

Par suite $(x,y) \in \{(12,96);(24,84);(48,60);(60,48);(84,24);(96,12)\}$.

Exercice 1.6. *Soit A l'ensemble des nombres premiers de la forme* $4k+3$, $k \in \mathbb{N}$

1) *Montrer que A est non vide.*

2) *Montrer que le produit de nombres de le forme* $4k+1$ *est encore de cette forme.*

3 *On suppose que A est fini et on l'écrit alors* $A = \{p_1, p_2, ..., p_n\}$

Soit $a = 4p_1p_2....p_n - 1$

Montrer que a admet un diviseur premier de la forme $4k+3$

Solution

1. A est non vide car par exemple pour $k=1$, $4k+3=7$ est premier.

2. Soient $x = 4k+1$, $y = 4m+1$, on a

$$\begin{aligned} x.y = (4k+1)(4m+1) &= 16km + 4(k+m) + 1 \\ &= 4(4km + k + m) + 1 \\ &= 4k' + 1. \end{aligned}$$

Alors $(4k+1)(4m+1) = 4k'+1$

3. Le seul nombre premier pair est 2, les autres sont de la forme $4k+1$ ou $4k+3$.

Ici a n'est pas divisible par 2. Supposons par l'absurde que a n'admet pas un diviseur de la forme $4k+3$, donc tous les diviseurs de a sont de la forme $4k+1$.

Donc a s'écrit comme produit de nombre de la forme $4k+1$ et par la question précédente a peut s'écrite sous la forme $a = 4k'+1$, donc $a \equiv 1[4]$.

Or, $a = 4p_1p_2...p_n - 1 \equiv -1[4] \equiv 3[4]$. Donc une contraduction, par suite a admet une diviseur premier p de la forme $p = 4k+3$.

Exercice 1.7. *A) Montrer que pour tout entier naturel* n *non nul et différent de* 1,

les nombres a *et* b *sont premiers entre eux.*

1) $a = n + 1$ *et* $b = n$

2) $a = 2n + 1$ *et* $b = n$

3) $a = n + 1$, $b = n$ *et* $c = n - 1$

B) Calculer $pgcd(2n^2 + n, 2n)$

C) Soit n *un entier naturel non nul.*

Montrer que pour tout $x \in \mathbb{Z}$, *les nombres* x^n *et* $x^{n-1} + x^{n-2} + ... + x + 1$ *sont premiers entre eux.*

Solution

A)

1) $a = n + 1$ et $b = n$

Comme $n + 1 = 1.n + 1$, alors $pgcd(n + 1, n) = pgcd(n, 1) = 1$.

Donc les nombres $n + 1$ et n sont premiers entre eux.

2) $a = 2n + 1$ et $b = n$

Comme $2n + 1 = 2n + 1$, alors $pgcd(2n + 1, n) = pgcd(n, 1) = 1$.

Donc les nombres $2n + 1$ et n sont premiers entre eux.

3) $a = n + 1$, $b = n$ et $c = n - 1$

Comme $pgcd(n + 1, n, n - 1) = pgcd[pgcd(n + 1, n), n - 1] = pgcd(1, n - 1) = 1$

Par suite les nombres $n + 1$, n et $n - 1$ sont premiers entre eux.

B) Comme $2n^2 + n = 1.2n^2 + n$, alors $pgcd(2n^2 + n, 2n^2) = pgcd(2n^2, n) = n$.

Donc $\quad pgcd(2n^2 + n, 2n^2) = n$

C) On a $\quad x^n = (x - 1)(x^{n-1} + x^{n-2} + ... + x + 1) + 1$

d'où $\quad 1.x^n + (x-1)(x^{n-1} + x^{n-2} + ... + x + 1) = 1.$

Alors il existe $a = 1 \in \mathbb{Z}$ et $b = (1-x) \in \mathbb{Z}$ tel que

$ax^n + b(x-1)(x^{n-1} + x^{n-2} + ... + x + 1) = 1.$

D'aprés le lemme de Bézout, les nombres x^n et $(x^{n-1} + x^{n-2} + ... + x + 1)$ sont premiers entre eux.

Exercice 1.8. *Résoude dans* $\mathbb{Z}^2$ *les équations suivantes.*

1) $7x - 8y = 6$

2) $120x + 252y = 48$

3) $69x + 30y = 16$

Solution

1. Comme $pgcd(7,8) = 1$ divise 6, alors l'équation $7x - 8y = 6$ admet des solutions dans $\mathbb{Z}^2$.

   On remarque facilement que $(x_0, y_0) = (2,1)$ est une solution particulière de notre équation, alors on a $\begin{cases} 7x - 8y & = 6 \\ 7x_0 - 8y_0 & = 6 \end{cases}$

   En retranchant les deux équations, on obtient $7(x - x_0) = 8(y - y_0)$

   Comme 7 et 8 sont premiers entre eux, alors par le lemme de Gauss, 8 divise $(x - x_0)$ et 7 divise $(y - y_0)$.

   Par suite $x = 8k + 2$ et $y = 7k + 1$, $k \in \mathbb{Z}$.

   Ainsi l'ensemble des solutions est donné par $S = \{(x,y) = (8k+2, 7k+1), \quad k \in \mathbb{Z}\}$.

2. Comme $pgcd(120, 252) = 12$ divise 48, donc l'équation $120x + 252y = 48$ admet des solutions dans $\mathbb{Z}^2$.

   $120x + 252y = 48 \Leftrightarrow 10x + 21y = 4.$

   Une solution particulière de cette dernière équation est $(-8, 4)$.

   Soit (x,y) une solution quelconque de l'équation $10x + 21y = 4$

On a $\quad 10x + 21y = 4 = 10(-8) + 21(4)$

d'où $10(x+8) = 21(4-y)$.

Comme $pgcd(10,21) = 1$, alors d'après le lemme de Gauss, il existe $k \in \mathbb{Z}$ tel que $x = 21k - 8$ et $y = -10k + 4$

Ainsi l'ensemble des solutions $S = \{(x,y) = (21k-8, -10k+4), \quad k \in \mathbb{Z}\}$.

3. Comme $pgcd(69,30) = 3$ ne divise pas 16, il s'ensuit que l'équation $69x + 30y = 16$ n'admet pas des solutions dans $\mathbb{Z}^2$.

Chapitre 2

Ensembles et Applications

2.1 *Ensembles*

On peut définir un ensemble de deux façons :

- Un ensemble est une collection d'éléments

  Exemples : $A = \{0, 1\}$, $B = \{$ vert , noir$\}$, $\mathbb{N} = \{0, 1, 2, 3, ...\}$.

- Un ensemble est une collection d'éléments vérifiant une proptiété commune

  Exemples :

  $A = \{x \in \mathbb{R} / \quad |x - 5| < 2\}$

  $B = \{z \in \mathbb{C} / \quad z^3 = 1\}$

  $A = \{x \in \mathbb{R} / \quad 0 \leq x \leq 3\} = [0, 3]$

  ⋆ Un ensemble particulier est l'ensemble vide, noté $\varnothing$ qui est l'ensemble ne contenant aucun élément.

  ⋆ Si x est un élément de E, on note $x \in E$.

  ⋆ Si x n'est pas un élément de E, on note $x \notin E$.

2.1.1 *Opérations sur les ensembles*

- Inclusion

On dit que l'ensemble E est inclus dans F, si tout élément de E est aussi un élément de F et on écrit $E \subset F$.

$$E \subset F \Leftrightarrow \forall x, \quad x \in E \Rightarrow x \in F$$

et on dit que E est un sous-ensemble de F, ou que E est une partie de F.

- **L'égalité**

On dit que deux ensembles E et F sont égaux si E est inclus dans F et F inclus dans E.

$$\begin{aligned} E = F \quad & \Leftrightarrow E \subset F \text{ et } F \subset E \\ & \Leftrightarrow \forall x, \quad x \in E \Leftrightarrow x \in F. \end{aligned}$$

- **Complémentaire**

Soit A une partie d'un ensemble E.

Le complémenaire de A dans E, noté $\complement_E A$ est l'ensemble des éléments de E qui ne sont pas dans A.

$$\complement_E A = \{x / \quad x \in E \text{ et } x \notin A\}$$

Exemples

$$\complement_{\mathbb{Z}} \mathbb{N} = \{-1, \ -2, \ ..., \ -n\}, n \in \mathbb{N}^*$$

$$\complement_{\mathbb{R}} [0, \ 1] =]-\infty, 0[\cup]1, \ +\infty[$$

- **Différence**

La différence de deux ensembles A et B est l'ensemble des éléments de A qui ne sont pas dans B, noté $A - B$

$$A - B = \{x / \quad x \in A \text{ et } x \notin B\}$$

- **Réunion**

La réunion de deux ensembles A et B est l'ensemble des éléments qui appartiennent soit à A, soit à B.

$$A \cup B = \{x / \quad x \in A \text{ ou } x \in B\}$$

- **Intersection**

L'intersection de deux ensembles A et B est l'ensemble des éléments qui appartiennent à la fois à A et à B.

$$A \cap B = \{x / \quad x \in A \text{ et } x \in B\}$$

$\star$ A et B sont disjoints si $A \cap B = \varnothing$

2.1.2 *Ensemble des parties d'un ensemble*

Définition 2.1.1. *Soit E un ensemble quelconque.*

On note $P(E)$ l'ensemble des parties de E où $P(E) = \{A / \quad A \subset E\}$,

On dit que A est une partie de E, ou bien un élément de $P(E)$.

Exemples

$\star$ $E = \{1, 2, 3\}$

$$P(E) = \{\varnothing, \{1\}, \{2\}, \{3\}, \{1,2\}, \{1,3\}, \{2,3\}, \{1,2,3\}\}$$

$\star$ $E = \varnothing$

$$P(\varnothing) = \{\varnothing\}, \quad P\left(P(\varnothing)\right) = \{\varnothing, \{\varnothing\}\}$$

2.1.3 *Partition d'un ensemble*

Définition 2.1.2. *On appelle partition d'un ensemble E, toute famille $\mathfrak{F} \subset P(E)$ telle que*

i) Les éléments de la famille $\mathfrak{F}$ sont disjoints deux à deux, c'est-à-dire $\forall A, B \in \mathfrak{F}$, $A \cap B = \varnothing$.

ii) La fammille $\mathfrak{F}$ recouvre l'ensemble E, c'est-à-dire $\bigcup_{A \in \mathfrak{F}} A = E$.

Exemples

$\star$ Soit E un ensemble quelconque, $A \subset E$, alors $\mathfrak{F} = \{A, \complement_E A\}$ est une partition de E.

$\star$ Soit $E = \{1, 2, 3, 4, 5\}$, alors $\mathfrak{F} = \{\{1,2\}, \{3,5\}, \{4\}\}$ est une partition de E.

2.1.4 Quelques résultats

Soient A, B, C trois ensembles quelconques, alors on a

- $A \cap B = B \cap A$ et $A \cup B = B \cup A$
- $(A \cap B) \cap C = A \cap (B \cap C)$ et $(A \cup B) \cup C = A \cup (B \cup C)$
- $A \cap \varnothing = \varnothing$ et $A \cup \varnothing = A$
- $A \cap (B \cup C) = (A \cap B) \cup (A \cap C)$ et $A \cup (B \cap C) = (A \cup B) \cap (A \cup C)$
- $A - (B \cap C) = (A - B) \cup (A - C)$ et $A - (B \cup C) = (A - B) \cap (A - C)$
- $A \subset B \Leftrightarrow A \cap B = A$ et $A \subset B \Leftrightarrow A \cup B = B$
- $\complement(A \cap B) = \complement A \cup \complement B$ et $\complement(A \cup B) = \complement A \cap \complement B$
- $\complement(\complement A) = A$ et $A \subset B \Leftrightarrow \complement B \subset \complement A$.

2.1.5 Produit Cartésien

Définition 2.1.3. *Soient E et F deux ensembles.*

Le produit cartésien, noté $E \times F$ est l'ensemble des couples (x, y) où $x \in E$ et $y \in F$.

$E \times F = \{(x, y) / \quad x \in E \text{ et } y \in F\}$.

2.2 Applications

Définition 2.2.1. *Soient E et F deux ensembles et G une partie de $E \times F$,*

soit la relation binaire $f = (E, F, G)$.

- *On dit que f est une fonction définie dans E à valeurs dans F, si tout élément x de E a au plus une image y dans F notée $f(x)$.*
- *On dit que f est une application si tout élément $x \in E$ a exactement une image y dans F, notée $f(x)$.*

Exemples

⋆ La fonction

$$f: \mathbb{R}^* \longrightarrow \mathbb{R}$$
$$x \longmapsto f(x) = \frac{1}{x}$$

⋆ L'application identique notée Id_E

$$Id_E: E \longrightarrow E$$
$$x \longmapsto Id_E(x) = x$$

⋆ L'application caractéristique

$$1_A: E \longrightarrow \{0, 1\}, \qquad A \subset E$$
$$x \longmapsto 1_A(x) = \begin{cases} 1 & \text{si } x \in A \\ 0 & \text{sinon} \end{cases}$$

⋆ La suite est une application de $\mathbb{N}$ dans $\mathbb{R}$

$$u: \mathbb{N} \longrightarrow \mathbb{R}$$
$$n \longmapsto u(n) = u_n.$$

• *Egalité*

Deux applications f et g sont égales si elles ont le même ensemble de départ E, le même ensemble d'arrivée F et que $\forall x \in E,\ f(x) = g(x)$.

• *Composition*

Soient $f: E \longrightarrow F$ et $g: F \longrightarrow G$ deux applications.

L'application $g \circ f: E \longrightarrow G$ définie par : $(g \circ f)(x) = g[f(x)]$, pour tout $x \in E$ est appelée fonction composée de f et g.

2.2.1 *Restriction d'une application*

Définition 2.2.2. *Etant donnée une application $f : E \longrightarrow F$.*

On appelle restriction de f à un sous ensemble non vide A de E, l'application $g : A \longrightarrow F$

telle que $\forall x \in A, \quad g(x) = f(x)$ et on note $g = \tilde{f}$.

2.2.2 *Prolongement d'une application*

Définition 2.2.3. *Etant donnée une application $f : E \longrightarrow F$.*

On appelle prolongement de l'application f à un sous ensemble $G \subset E$,

toute application h de G dans F telle que f est la restriction de h à E.

Exemple Soit

$$\begin{aligned} f : \ & \mathbb{R}_+ \longrightarrow \mathbb{R} \\ & x \longmapsto f(x) = \log x \end{aligned}$$

alors

$$\begin{aligned} g : \ & \mathbb{R} \longrightarrow \mathbb{R} \\ & x \longmapsto g(x) = \log |x| \end{aligned}$$

est un prolongement de f à $\mathbb{R}$.

2.2.3 *Image directe*

Définition 2.2.4. *Soit $f : E \longrightarrow F$ une application, $A \subset E$.*

L'image de A par f, notée $f(A)$ est l'ensemble des $f(x)$ quand x décrit A.

$f(A) = \{f(x), \quad x \in A\}$

Exemple Soit

$$f: \mathbb{R} \longrightarrow \mathbb{R}_+^*$$
$$x \longmapsto f(x) = |x| + 2$$

$A = \{-1, 0, 1, 2\}$, d'où $f(A) = \{f(x), \quad x \in A\} = \{3, 2, 4\}$

2.2.4 *Image réciproque*

Définition 2.2.5. *Soit $f : E \longrightarrow F$ une application, $B \subset F$.*

L'image réciproque de B par f, notée $f^{-1}(B)$ est l'ensemble des éléments x de E tels que $f(x)$ appartient à B, $f^{-1}(B) = \{x \in E / \quad f(x) \in B\}$

Exemple Soit

$$f: \mathbb{R} \longrightarrow \mathbb{R}_+^*$$
$$x \longmapsto f(x) = |x| + 1, \qquad B = [-3, 2]$$

$f^{-1}(B) = \{x \in \mathbb{R} / \quad f(x) \in B\}$

$$\begin{aligned} f(x) \in B &\Leftrightarrow |x| + 1 \in B \\ &\Leftrightarrow -3 \leq |x| + 1 \leq 2 \\ &\Leftrightarrow -4 \leq |x| \leq 1 \\ &x \in [-1, 1] \end{aligned}$$

et donc $f^{-1}(B) = [-1, 1]$

2.2.5 *Injection, Surjection, Bijection*

• *Injection*

Définition 2.2.6. *Soit $f : E \longrightarrow F$ une application.*

•*f est injective si pour tout x, x' deux éléments de E tels que $f(x) = f(x')$ on a $x = x'$.*

$$\begin{aligned} \bullet f \text{ est injective } &\Leftrightarrow \forall x, x' \in E, \quad f(x) = f(x') \Rightarrow x = x' \\ &\Leftrightarrow \forall x, x' \in E, \quad x \neq x' \Rightarrow f(x) \neq f(x') \end{aligned}$$

ou encore

f injective $\Leftrightarrow$ l'équation $y = f(x)$ admet au plus une solution.

Exemple Soit

$$\begin{aligned} f : \ & \mathbb{R} \longrightarrow \mathbb{R} \\ & x \longmapsto f(x) = 5x + 3. \end{aligned}$$

Soient x, $x' \in \mathbb{R}$ tels que $f(x) = f(x')$. A-t-on $x = x'$?

$$\begin{aligned} f(x) = f(x') &\Rightarrow 5x + 3 = 5x' + 3 \\ &\Rightarrow x = x' \end{aligned}$$

d'où f est injective.

Ou bien

$$y = f(x) \Rightarrow y = 5x + 3 \Rightarrow x = \frac{y - 3}{5}$$

donc l'équation $y = f(x)$ admet une unique solution, alors f est injective.

• *Surjection*

Définition 2.2.7. *Soit $f : E \longrightarrow F$ une application.*

•f est surjective si pour tout élément y de F, il existe au moins un élément x de E tel que $y = f(x)$

$$\begin{aligned} \bullet f \text{ est surjective} &\Leftrightarrow \forall y \in F, \quad \exists x \in E, \quad y = f(x) \\ &\Leftrightarrow f(E) = F \end{aligned}$$

ou encore,

f surjective $\Leftrightarrow$ l'équation $y = f(x)$ admet au moins une solution.

Exemple Soit

$$\begin{aligned} f : \ \mathbb{R} &\longrightarrow \mathbb{R}_+ \\ x &\longmapsto f(x) = x^2. \end{aligned}$$

Soit $y \in \mathbb{R}$, existe-t-il $x \in \mathbb{R}$ tel que $y = f(x)$?

$$\begin{aligned} y = f(x) &\Rightarrow y = x^2 \\ &\Rightarrow x = \pm\sqrt{y} \end{aligned}$$

donc pour tout $y \in \mathbb{R}$, $\exists x = \pm\sqrt{y}$ tel que $y = f(x) = x^2$

par suite f est surjective.

• *Bijection*

Définition 2.2.8. *Soit $f : E \longrightarrow F$ une application.*

•f est bijective si elle est à la fois injective et surjective.

$$\bullet f \text{ est bijective} \Leftrightarrow \forall y \in F, \quad \exists \text{ un unique } x \in E, \quad y = f(x)$$

ou encore,

f bijective $\Leftrightarrow$ l'équation $y = f(x)$ admet une unique solution.

Exemple Soit

$$f: \mathbb{R} \longrightarrow \mathbb{R}$$
$$x \longmapsto f(x) = 5x - 3.$$

$*$ Soient $x, x' \in \mathbb{R}$ tels que $f(x) = f(x')$. A-t-on $x = x'$?

$$\begin{aligned} f(x) = f(x') &\Rightarrow 5x - 3 = 5x' - 3 \\ &\Rightarrow x = x' \end{aligned}$$

d'où f est injective.

$*$ Soit $y \in \mathbb{R}$, existe-t-il $x \in \mathbb{R}$ tel que $y = f(x)$?

Soit $y \in \mathbb{R}$, on cherche $x \in \mathbb{R}$ tel que $5x - 3 = y$, on trouve que $x = \dfrac{y+3}{5}$.

Et par suite f est surjective.

D'où f est bijective de $\mathbb{R}$ dans $\mathbb{R}$ car elle est à la fois injective et surjective.

Ou encore,

$$\begin{aligned} y = f(x) &\Rightarrow y = 5x - 3 \\ &\Rightarrow x = \frac{y+3}{5} \end{aligned}$$

l'équation $y = f(x)$ admet une unique solution $x = \dfrac{y+3}{5}$, donc f est bijective.

Théorème 2.2.1. *Soit $f : E \longrightarrow F$ une application.*

Alors les conditions suivantes sont équivalentes.

1) *L'application f est bijective.*

2) *Il existe une unique application $g : F \longrightarrow E$ telle que $f \circ g = Id_F$ et $g \circ f = Id_E$.*

g est appellée application réciproque de f et notée f^{-1}. De plus $(f^{-1})^{-1} = f$.

Proposition 1

Soient $f : E \longrightarrow F$ et $g : F \longrightarrow G$ deux applications, alors on a

1. f et g injectives $\Longrightarrow g \circ f$ injective

2. f et g surjectives $\Longrightarrow g \circ f$ surjective

3. f et g bijectives $\Longrightarrow g \circ f$ bijective et $(g \circ f)^{-1} = f^{-1} \circ g^{-1}$

4. $g \circ f$ injective $\Longrightarrow f$ injective

5. $g \circ f$ surjective $\Longrightarrow g$ surjective

6. $g \circ f$ bijective $\Longrightarrow f$ injective et g surjective.

2.2.6 *Ensembles finis*

Définition 2.2.9. *Un ensemble E est fini s'il existe une bijection de E sur l'ensemble $\{1, 2, ..., n\}$, $n \in \mathbb{N}$ Le nombre n est unique et s'appelle le cardinal de E noté $Card\ E = n$.*

Exemples

1. $E = \{1, 2, 3\}$ fini et Card $E = 3$.

2. $\varnothing$ est fini et Card $\varnothing = 0$.

3. $\mathbb{N}$ n'est pas un ensemble fini.

Proposition 2

- Soit A un ensemble fini et $B \subset A$, alors B est fini et Card $B \leq$ Card A.
- Si A et B deux ensembles finis alors les ensembles $A \cup B$ et $A \cap B$ sont finis et on a Card $(A \cup B) =$ Card $A +$ Card $B -$ Card $(A \cap B)$.

Proposition 3

Soient E, F deux ensembles finis et $f : E \longrightarrow F$ une application, alors on a

1. Si f injective alors Card $E \leq$ Card F

2. Si f surjective alors Card $E \geq$ Card F

3. Si f bijective alors Card $E =$ Card F

4. Si Card $E =$ Card F, alors les assertions suivantes sont équivalentes :

   i) f est injective

   ii) f est surjective

   iii) f est bijective

2.2.7 *Ensembles dénombrables*

Définition 2.2.10. *Un ensemble E est dit dénombrable s'il existe une bijection de E sur* $\mathbb{N}$.

Exemple L'ensemble $\mathbb{Z}$ est dénombrable

$$\begin{aligned} f: \ & \mathbb{N} \longrightarrow \mathbb{Z} \\ & n \longmapsto f(n) = \begin{cases} n & \text{si } n \text{ pair} \\ -(n+1) & \text{si } n \text{ impair,} \end{cases} \end{aligned}$$

f est bijective donc $\mathbb{Z}$ est dénombrable.

2.3 Exercices sur les ensembles et les applications

Exercice 2.1. *Soient A, B, C trois parties d'un ensemble E.*

1) *Montrer que* $(A \cap B) \subset (A \cap B) \cup (B \cap \complement_E C)$.

2) *Montrer que* $((A - B) - C) = A - (B \cap C)$

3) *Montrer que si* $A \subset B$ *alors* $(A \cap C) \subset (B \cap C)$.

Solution

1. Soit $x \in A \cap B$, alors $x \in A$ et $x \in B$

   d'autre part, $x \in C$ ou $x \in \complement_E C$ car $E = C \cup \complement_E C$

   Si $x \in C$, alors $x \in A \cap C$ car $x \in A$

   et

   Si $x \in \complement_E C$, alors $x \in B \cap \complement_E C$ car $x \in B$

   d'où $x \in (A \cap B) \cup (B \cap \complement_E C)$, et par suite $(A \cap B) \subset (A \cap B) \cup (B \cap \complement_E C)$.

2. Soit x un élément de E

   i) Si $x \in (A - B) - C$, alors $x \in (A - B)$ et $x \notin C$

   c'est-à-dire $x \in A$ et $x \notin B$ et $x \notin C$, donc $x \in A$ et $x \notin (B \cap C)$

   d'où $x \in A - (B \cap C)$, et par suite $((A - B) - C) \subset A - (B \cap C)$

   ii) Si $x \in A - (B \cap C)$, alors $x \in A$ et $x \notin (B \cap C)$

   c'est-à-dire $x \in A$ et $x \notin B$ et $x \notin C$, donc ($x \in A$ et $x \notin B$) et $x \notin C$

   d'où $x \in (A - B) - C$, et par suite $A - (B \cap C) \subset ((A - B) - C)$

   Finalement de *i*) et *ii*), on a $((A - B) - C) = A - (B \cap C)$.

3. Soit $x \in A \cap C$, alors $x \in A$ et $x \in C$

   et comme $A \subset B$, alors $x \in B$ et $x \in C$

   c'est-à-dire $x \in B \cap C$, d'où $(A \cap C) \subset B \cap C$.

Exercice 2.2. *Soient* A, B, C *trois parties d'un ensemble* E.

1) *Montrer que* $A-(B\cap C)=(A-B)\cup(A-C)$.

2) *Montrer que* $A-(B\cup C)=(A-B)\cap(A-C)$

3) *Montrer que si* $A\subset B$ *alors* $(A\cap C)\subset(B\cap C)$.

Solution

1. Soit x un élément quelconque de E.

   On a

$$\begin{aligned} x\in A-(B\cap C) &\Longrightarrow x\in A \text{ et } x\notin B\cap C \\ &\Longrightarrow x\in A \text{ et } (x\notin B \text{ ou } x\notin C) \\ &\Longrightarrow (x\in A \text{ et } x\notin B) \text{ ou } (x\in A \text{ et } x\notin C) \\ &\Longrightarrow x\in(A-B) \text{ ou } x\in(A-C) \\ &\Longrightarrow x\in(A-B)\cup(A-C) \end{aligned}$$

   et par suite $A-(B\cap C)\subset(A-B)\cup(A-C)$

   Inversement, si

$$\begin{aligned} x\in(A-B)\cup(A-C) &\Longrightarrow x\in(A-B) \text{ ou } x\in(A-C) \\ &\Longrightarrow (x\in A \text{ et } x\notin B) \text{ ou } (x\in A \text{ et } x\notin C) \\ &\Longrightarrow x\in A \text{ et } (x\notin B \text{ et } x\notin C) \\ &\Longrightarrow x\in A \text{ et } x\notin(B\cap C) \\ &\Longrightarrow x\in A-(B\cap C) \end{aligned}$$

   et par suite $(A-B)\cup(A-C)\subset A-(B\cap C)$

   Finalement $A-(B\cap C)=(A-B)\cup(A-C)$

2.

$$\begin{aligned}
\text{Soit } x \in A-(B\cup C) &\Longrightarrow x\in A \text{ et } x\notin B\cup C\\
&\Longrightarrow x\in A \text{ et } (x\notin B \text{ et } x\notin C)\\
&\Longrightarrow (x\in A \text{ et } x\notin B) \text{ et } (x\in A \text{ et } x\notin C)\\
&\Longrightarrow x\in (A-B) \text{ et } x\in (A-C)\\
&\Longrightarrow x\in (A-B)\cap(A-C)
\end{aligned}$$

et par suite $A-(B\cup C)\subset (A-B)\cap(A-C)$

Inversement, si

$$\begin{aligned}
x\in (A-B)\cap(A-C) &\Longrightarrow x\in (A-B) \text{ et } x\in (A-C)\\
&\Longrightarrow (x\in A \text{ et } x\notin B) \text{ et } (x\in A \text{ et } x\notin C)\\
&\Longrightarrow x\in A \text{ et } (x\notin B \text{ et } x\notin C)\\
&\Longrightarrow x\in A \text{ et } x\notin (B\cup C)\\
&\Longrightarrow x\in A-(B\cup C)
\end{aligned}$$

et par suite $(A-B)\cap(A-C)\subset A-(B\cup C)$

Finalement $A-(B\cup C)=(A-B)\cap(A-C)$

Exercice 2.3. *Soient A, B, C trois parties d'un ensemble E. Montrer que*

1) $A\cap B=\varnothing \Longrightarrow B\subset \complement_E A.$

2) $A\subset B \Longrightarrow \complement_E B\subset \complement_E A$

3) $\complement_E(\complement_E A)=A$

4) $\complement_E(A\cap B)=\complement_E A\cup\complement_E B$

5) $\complement_E(A\cup B)=\complement_E A\cap\complement_E B$

6) $A\subset B \Longrightarrow P(A)\subset P(B)$

Solution

1. Soit $x \in B$, comme $A \cap B = \varnothing$, alors $x \notin A$, donc $x \in \complement_E A$

   d'où $B \subset \complement_E A$.

2. Soit

$$\begin{aligned} x \in \complement_E B &\Longrightarrow x \notin B \\ &\Longrightarrow x \notin A \text{ car } A \subset B \\ &\Longrightarrow x \in \complement_E A \end{aligned}$$

   d'où $\complement_E B \subset \complement_E A$

3. Siot $x \in E$, alors

$$\begin{aligned} x \in \complement_E(\complement_E A) &\Longleftrightarrow x \notin \complement_E A \\ &\Longleftrightarrow \overline{x \in \complement_E A} \\ &\Longleftrightarrow \overline{x \notin A} \\ &\Longleftrightarrow x \in A \end{aligned}$$

   d'où $\complement_E(\complement_E A) = A$.

4. Si

$$\begin{aligned} x \in \complement_E(A \cap B) &\Longleftrightarrow x \notin A \cap B \\ &\Longleftrightarrow x \notin A \text{ ou } x \notin B \\ &\Longleftrightarrow x \in \complement_E A \text{ ou } x \in \complement_E B \\ &\Longleftrightarrow x \in \complement_E A \cup x \in \complement_E B \end{aligned}$$

   donc $\complement_E(A \cap B) = \complement_E A \cup \complement_E B$

5. Si

$$\begin{aligned} x \in \complement_E(A \cup B) &\Longleftrightarrow x \notin A \cup B \\ &\Longleftrightarrow x \notin A \text{ et } x \notin B \\ &\Longleftrightarrow x \in \complement_E A \text{ et } x \in \complement_E B \\ &\Longleftrightarrow x \in \complement_E A \cap x \in \complement_E B \end{aligned}$$

   donc $\complement_E(A \cup B) = \complement_E A \cap \complement_E B$

6. Soit $C \in P(E)$, alors C est sous ensemble de A et comme $A \subset B$, alors C est un sous ensemble de B, d'où C est un élément de $P(E)$ et par suite si $A \subset B \Longrightarrow P(A) \subset P(B)$.

Exercice 2.4. *Soient f et g deux applications de $\mathbb{R}$ dans $\mathbb{R}$, pour chaque cas, déterminer $g \circ f$ et $f \circ g$, pour tout x.*

a) $f(x) = 4x + 1, \quad g(x) = x^2.$

b) $f(x) = \sqrt{x^2 + 1}, \quad g(x) = \cos(x - 1)$

c) On considère les deux applications de $\mathbb{N}$ dans $\mathbb{N}$ définies pour tout $n \in \mathbb{N}$ par :

$$f(x) = 4x, \qquad g(x) = \begin{cases} \dfrac{x}{4} & \text{si } x \text{ est pair,} \\ \\ \dfrac{x+1}{4} & \text{si } x \text{ est impair.} \end{cases}$$

Solution

a)

$$g \circ f : \mathbb{R} \longrightarrow \mathbb{R}$$
$$x \longmapsto (g \circ f)(x) = g[f(x)] = g(4x+1) = (4x+1)^2.$$

$$f \circ g : \mathbb{R} \longrightarrow \mathbb{R}$$
$$x \longmapsto (f \circ g)(x) = f[g(x)] = f(x^2) = 4x^2 + 1.$$

b)

$$g \circ f : \mathbb{R} \longrightarrow \mathbb{R}$$
$$x \longmapsto (g \circ f)(x) = g[f(x)] = g(\sqrt{x^2+1}) = \cos(\sqrt{x^2+1} + 1).$$

$$f \circ g : \mathbb{R} \longrightarrow \mathbb{R}$$
$$x \longmapsto (f \circ g)(x) = f[g(x)] = \sqrt{(\cos(x+1))^2 + 1}.$$

c)

$$g \circ f : \mathbb{N} \longrightarrow \mathbb{N}$$
$$n \longmapsto (g \circ f)(x) = g[f(x)] = g(4x) = \frac{4x}{4} = x.$$

$$f \circ g : \mathbb{N} \longrightarrow \mathbb{N}$$

$$x \longmapsto (f \circ g)(x) = f[g(x)] = 4g(x) = \begin{cases} x & \text{si } x\text{pair} \\ x+1 & \text{si } x\text{impair} \end{cases}$$

Exercice 2.5. *Soit* $f : \mathbb{R} \longrightarrow \mathbb{R}$ *définie par* $f(x) = \dfrac{2x}{x^2+1}$

1) f *est-elle injective ? surjective ?.*

2) *Montrer que* $f(\mathbb{R}) = [-1,\ 1]$.

3) *Montrer que la restriction* $\begin{array}{rccl} g : & [-1,\ 1] & \longrightarrow & [-1,\ 1] \\ & x & \longmapsto & g(x) = f(x) \end{array}$ *est une bijection.*

Solution

1. • f est injective si l'équation $y = f(x)$ admet au plus une solution.

   Pour tout $y \in [-1,\ 1]$, l'équation $y = f(x)$ admet deux solutions
   $x_1 = \dfrac{1+\sqrt{1-y^2}}{y}$, $x_2 = \dfrac{1-\sqrt{1-y^2}}{y}$
   donc f n'est pas injective.

   • f est surjective si l'équation $y = f(x)$ admet au moins une solution.

   Pour tout $y \in]-\infty,\ -1[\cup]1,\ +\infty[$, l'équation n'admet aucune solution et donc f n'est pas surjective.

2. L'équation $y = f(x)$ est équivalent à l'équation $yx^2 - 2x + y = 0$. Cette équation a des solutions si et seulement si $y \in [-1,\ 1]$

   donc $f(\mathbb{R}) = [-1,\ 1]$.

3. g est bijective si l'équation $y = g(x)$ admet une unique solution.

   Soit $y \in [-1,\ 1]$, alors l'équation $y = g(x)$ admet une unique solution

   $$x = \frac{1-\sqrt{1-y^2}}{y} \in [-1,\ 1]$$

donc g est bijective et par suite g^{-1} existe

$$\begin{aligned} g^{-1} : [-1,\, 1] &\longrightarrow [-1,\, 1] \\ x &\longmapsto g^{-1}(x) = \frac{1-\sqrt{1-x^2}}{x}. \end{aligned}$$

Exercice 2.6. *Soit $f : \mathbb{R} \longrightarrow \mathbb{C}$ définie par $f(t) = e^{it}$*

Montrer que f est une bijection sur des ensembles à préciser.

Solution

Montrons que la restriction de f, $g : [0,\, 2\pi[\longrightarrow \mathfrak{D}$ définie par $g(t) = e^{it}$ est bijective, ou $\mathfrak{D}$ est le cercle unité de $\mathbb{C}$ donné par l'équation $(|z| = 1)$.

g est surjective car tout nombre complexe de $\mathfrak{D}$ s'écrit sous la forme polaire e^{it} et l'on peut choisir $t \in [0,\, 2\pi[$.

g est injective car pour tout $t,\, t' \in [0,\, 2\pi[$, on a

$$\begin{aligned} g(t) = g(t') &\Leftrightarrow e^{it} = e^{it'} \\ &\Leftrightarrow t = t' + 2k\pi, \quad k \in \mathbb{Z} \\ & t = t', \quad \text{car } t,\, t' \in [0,\, 2\pi[\text{ donc } k = 0. \end{aligned}$$

Finalement g est injective et surjective donc bijective.

Exercice 2.7. *Soit l'application $f : \mathbb{R} \longrightarrow \mathbb{C}$ définie par*

$\forall x \in \mathbb{R}, \qquad f(x) = |x| + 3$

a) Trouver l'image par f de l'ensemble $A = \{-2,\, -1,\, 1,\, 2,\, 3\}$.

b) Trouver l'image reciproque de l'ensemble $B = [-1,\, 4]$.

Solution

$a)$ $f(A)=\{f(x),\quad x\in A\}$, alors

$$f(A)=\ \{f(-2),\,f(-1),\,f(1),\,f(2),\,f(3)\}$$
$$=\{4,\,5,\,6\}$$

$b)$ $f(A)=\{x\in E,\quad f(x)\in B\}$

Soit $x\in\mathbb{R}$, on a

$$f(x)\in B\ \Leftrightarrow |x|+3\in B$$
$$\Leftrightarrow |x|+3\in[-1,\,4]$$
$$\Leftrightarrow -1\leq|x|+3\leq 4$$
$$\Leftrightarrow -4\leq|x|\leq 1$$
$$\Leftrightarrow x\in[-1,\,1]$$

et par suite $f^{-1}(B)=[-1,\,1]$

Exercice 2.8. 1) *Soit f l'application de $\mathbb{R}$ dans $[-1,\,1]$ définie par $f(x)=\cos x$,*

f est-elle injective ?.

2) *Soit f l'application de $]0,\,+\infty[$ dans $\mathbb{R}$ définie par $f(x)=\ln x$,*

f est-elle injective ?.

3) *Montrer que l'application f de $\mathbb{R}$ dans $]-1,\,1[$ définie par $f(x)=\dfrac{x}{1+|x|}$*

f est injective et surjective.

4) *Soit f l'application de $[0,\,2\pi]$ dans $[-1,\,1]$ définie par $f(x)=\sin x$,*

f est-elle injective ?.

Solution

1. f n'est pas injective car,

   il existe $x=\dfrac{\pi}{2}\in\mathbb{R},\quad x'=\dfrac{3\pi}{2}\in\mathbb{R}\qquad x\neq x'$ et $f(x)=f(\dfrac{\pi}{2})=f(\dfrac{3\pi}{2})=f(x')$.

2. Soient $x,\,x'\in]0,\,+\infty[$ tel que $f(x)=f(x')$. A-t-on $x=x'$?

   On a $f(x)=f(x')\Rightarrow\ln x=\ln x'\Rightarrow\exp(\ln x)=\exp(\ln x')$

   c'est-à-dire $x=x'$, d'où f est injective.

3. • Soient $x, x' \in \mathbb{R}$ tel que $f(x) = f(x')$. A-t-on $x = x'$?

   On a $f(x) = f(x') \Rightarrow \dfrac{x}{1+|x|} = \dfrac{x'}{1+|x'|}$, alors x et x' sont de même signe car $1+|x| > 0$ et $1+|x'| > 0$.

   Donc

$$f(x) = f(x') \Rightarrow \begin{cases} \dfrac{x}{1+x} = \dfrac{x'}{1+x'} \\ \\ \dfrac{x}{1-x} = \dfrac{x'}{1-x'} \end{cases} \Rightarrow \begin{cases} x = x' \\ \text{ou} \\ x = x' \end{cases}$$

   Ainsi $f(x) = f(x') \Rightarrow x = x'$, d'où f est injective.

   • Soit $y \in]-1, 1[$, on cherche $x \in \mathbb{R}$ tel que $y = \dfrac{x}{1+|x|}$

   On remarque que si un tel x existe alors x a la même signe de y, ainsi :

   Si $y \geq 0$, on cherche $x \in \mathbb{R}$ tel que $y = \dfrac{x}{1+x}$, donc $x = \dfrac{y}{1-y}$.

   Si $y \leq 0$, on cherche $x \in \mathbb{R}$ tel que $y = \dfrac{x}{1-x}$, donc $x = \dfrac{y}{1+y}$.

   Donc $\forall y \in]-1, 1[$, $\exists x \in \mathbb{R}$ tel que $y = f(x)$

   d'où f est surjective.

4. f n'est pas injective car,

   il existe $x = 0 \in [0, 2\pi]$, $x' = \pi \in [0, 2\pi]$ $x \neq x'$ et $f(x) = f(0) = 0 = f(\pi) = f(x')$.

Exercice 2.9. *Soit $f : \mathbb{R} \longrightarrow \mathbb{R}$ une application définie par $f(x) = x^2 - 3x + 5$*

1) *Résoudre dans $\mathbb{R}$, l'équation $f(x) = f(0)$.*

2) *Est-ce-que l'application f est injective ?*

3) *Montrer que si $g \circ f$ est injective, alors f est injective.*

4) *Montrer que si $g \circ f$ est surjective, alors g est surjective.*

Solution

1. Soit $x \in \mathbb{R}$,

$$f(x) = f(0) \Rightarrow x^2 - 3x = 0$$
$$\Rightarrow x = 0 \text{ ou } x = 3.$$

2. f n'est pas injective car, il existe $x = 0 \in \mathbb{R}$, $x' = 3 \in \mathbb{R}$, tel que $x \neq x'$

   et $f(x) = f(0) = 5 = f(3) = f(x')$.

3. Supposons que $g \circ f$ est injective et montrons que f est injective.

   Soit $x, x' \in E$ avec $f(x) = f(x')$. A-t-on $x = x'$?

   On a $(g \circ f)(x) = (g \circ f)(x') \Rightarrow x = x'$, car $g \circ f$ est injective.

   Donc on a montrer que $\forall x, x' \in E$, $f(x) = f(x') \Rightarrow x = x'$ ceci montre que f est injective.

4. Supposons que $g \circ f$ est surjective et montrons que g est surjective.

   Soit $y \in G$, comme $g \circ f$ est surjective, il existe $x \in E$ tel que $(g \circ f)(x) = y$, posons $b = f(x)$, alors $y = g(b)$, ce raisonnement est valide quelque soit $y \in G$,

   donc g est surjective.

Exercice 2.10. *Soient $A = [0, 3]$ et $B = [0, 4]$ deux intervalles de $\mathbb{R}$*

1) *Déterminer $A \times B$ et $A \times A$.*

2) *Considérons l'application $f : A \longrightarrow B$ définie par : $f(x) = 4 - x$ et l'application $g : B \longrightarrow A$ définie par $g(x) = (x-3)^2$*

- *Préciser $g \circ f$ et $f \circ g$.*

3) *Déterminer $f^{-1}(\{0\})$ et $g^{-1}(]0, \frac{1}{3}[)$.*

Solution

1. $A \times B = \{(x, y) \in \mathbb{R}^2 / \quad 0 \leq x \leq 3 \text{ et } 0 \leq y \leq 4\}$

   $A \times A = \{(x, y) \in \mathbb{R}^2 / \quad 0 \leq x \leq 3 \text{ et } 0 \leq y \leq 3\}$

2. $$\begin{aligned} g \circ f : \ & A \longrightarrow A \\ & x \longmapsto (g \circ f)(x) = (x-1)^2 \end{aligned}$$

$$f \circ g : \; B \longrightarrow B$$

$$x \longmapsto (f \circ g)(x) = -x^2 + 6x - 5$$

donc, $f \circ g \neq g \circ f$, alors la composition de deux applications n'est pas commutative.

3. $f^{-1}(\{0\}) = \{x \in [0,\, 3], \quad f(x) = 4 - x \in \{0\}\} = \varnothing$

On en déduit que l'application f n est pas surjective.

$$g^{-1}(]0,\, \tfrac{1}{3}[) = \{x \in [0,\, 4], \quad g(x) = (x-3)^2 \in]0,\, \tfrac{1}{3}[\}$$

$$=]3 - \tfrac{1}{\sqrt{3}},\, 3[\cup]3,\, \tfrac{1}{\sqrt{3}}[$$

<u>Exercice</u> 2.11. *Soit f une application d'un ensemble E dans un ensemble F.*

On disigne par A et B deux parties quelconques de E.

a) Montrer que $f(A \cup B) = f(A) \cup f(B)$.

b) Montrer que $f(A \cap B) \subset f(A) \cap f(B)$.

c) Montrer que si f est injective, alors $f(A \cap B) = f(A) \cap f(B)$.

d) On considère les deux applications de $\mathbb{Z}$ dans $\mathbb{Z}$,

définies pour tout $x \in \mathbb{Z}$ respectivement par $f(x) = 2x, \quad g(x) = x^2$.

On pose $A = \{-3,\, -2,\, -1,\, 0,\, 1\}$ et $B = \{0,\, 1,\, 2\}$.

i) Déterminer les ensembles $A \cup B$, $f(A \cup B)$, $f(A) \cup f(B)$. Que constatez-vous ?

ii) Déterminer les ensembles $g(A \cup B)$, $g(A) \cup g(B)$. Que constatez-vous ?

iii) Déterminer les ensembles $A \cap B$, $f(A \cap B)$, $f(A) \cap f(B)$. Que constatez-vous ?

iv) Déterminer les ensembles $g(A \cap B)$, $g(A) \cap g(B)$. Que constatez-vous ?

<u>Solution</u>

a) Soit $y \in F$.

$$\begin{aligned} y \in f(A \cup B) &\Longrightarrow \exists x \in (A \cup B) \text{ tel que } y = f(x) \\ &\Longrightarrow \exists x \in A \text{ tel que } y = f(x) \text{ ou } \exists x \in B \text{ tel que } y = f(x) \\ &\Longrightarrow y \in f(A) \text{ ou } y \in f(B) \\ &\Longrightarrow y \in f(A) \cup f(B) \end{aligned}$$

donc $f(A \cup B) \subset f(A) \cup f(B)$

d'autre part,

$$\begin{aligned} y \in f(A) \cup f(B) &\Longrightarrow \exists y \in f(A) \text{ ou } y \in f(B) \\ &\Longrightarrow \exists x \in A \text{ tel que } y = f(x) \text{ ou } \exists x \in B \text{ tel que } y = f(x) \\ &\Longrightarrow \exists x \in A \cup B \text{ tel que } y = f(x) \\ &\Longrightarrow y \in f(A \cup B) \end{aligned}$$

donc $f(A) \cup f(B) \subset f(A \cup B)$ et par suite $f(A \cup B) = f(A) \cup f(B)$

b) Soit $y \in F$.

$$\begin{aligned} y \in f(A \cap B) &\Longrightarrow \exists x \in (A \cap B) \text{ tel que } y = f(x) \\ &\Longrightarrow \exists x \in A \text{ tel que } y = f(x) \text{ et } \exists x \in B \text{ tel que } y = f(x) \\ &\Longrightarrow y \in f(A) \text{ et } y \in f(B) \\ &\Longrightarrow y \in f(A) \cap f(B) \end{aligned}$$

donc $f(A \cap B) \subset f(A) \cap f(B)$

c)

$$\begin{aligned} y \in f(A) \cap f(B) &\Longrightarrow \exists y \in f(A) \text{ et } y \in f(B) \\ &\Longrightarrow \exists x \in A \text{ tel que } y = f(x) \text{ et } \exists x' \in B \text{ tel que } y = f(x') \\ &\Longrightarrow f(x) = f(x') \text{ et } y = f(x) \\ &\Longrightarrow x = x' \text{ et } y = f(x) \text{ car f est injective.} \end{aligned}$$

Or $x' \in B \Rightarrow x \in B$ et comme $x \in A$ donc $x \in A \cap B$ et $y = f(x)$

donc $y \in f(A \cap B)$

d'où $f(A) \cap f(B) \subset f(A \cap B)$ et par suite si f injective on a : $f(A) \cap f(B) = f(A \cap B)$

d)

i) $A \cup B = \{-3, -2, -1, 0, 1, 2\}$

$f(A \cup B) = \{-6, -4, -2, 0, 2, 4\}$

$f(A) = \{-6, -4, -2, 0, 2\}$

$f(B) = \{0, 2, 4\}$

$f(A) \cup f(B) = \{-6, -4, -2, 0, 2, 4\}$

On constate que $f(A \cup B) = f(A) \cup f(B)$

ii) $g(A \cup B) = \{9, 4, 1, 0\}$

$g(A) = \{9, 4, 1, 0\}$

$g(B) = \{0, 1, 4\}$

$g(A) \cup g(B) = \{9, 4, 1, 0\}$

On constate que $g(A \cup B) = g(A) \cup g(B)$

iii) $A \cap B = \{0, 1\}$

$f(A \cap B) = \{0, 2\}$

$f(A) \cap f(B) = \{0, 2\}$

On constate que $f(A \cap B) = f(A) \cap f(B)$

iv) $g(A \cap B) = \{0, 1\}$

$g(A) \cap g(B) = \{0, 1, 4\}$

On constate que $f(A \cap B) \neq f(A) \cap f(B)$

Conclution : Si f est injective alors $f(A \cap B) = f(A) \cap f(B)$

Chapitre 3

Relations Binaires dans un ensemble

3.1 Relation Binaire dans un ensemble

Définition 3.1.1. *Soit un ensemble E. On dit qu'on a défini une relation $\Re$ sur l'ensemble E, si on s'est donné un ensemble $G \subset E \times E$ appelé graphe de la relation.*

- *Lorsque $(x, y) \in G$, on dit que x est relié à y par la relation $\Re$ et l'on exprime ceci par l'écriture $x\Re y$. Autrement dit, $G = \{(x, y) \in E \times E / x\Re y\}$.*
- *Lorsque $(x, y) \notin G$, on dit que x n'est pas en relation avec y.*

3.2 Relation d'équivalence sur un ensemble

Définition 3.2.1. *Soit E un ensemble et $\Re$ une relation définie sur E.*

On dit que $\Re$ est une relation d'équivalence si elle est :

- *Réflexive :$\forall x \in E, \quad x\Re x,$*
- *Symétrique :$\forall x, \, y \in E, \quad x\Re y \Rightarrow y\Re x,$*
- *Transitive :$\forall x, \, y, \, z \in E, \quad (x\Re y \text{ et } y\Re z) \Rightarrow x\Re z.$*

Exemples

1. Sur tout ensemble, l'égalité de deux éléments est une relation d'équivalence.

2. La relation "être parallèle" est une relation d'équivalence pour l'ensemble E des droites affines du plan.
3. La relation "être perpendiculaire" n'est pas une relation d'équivalence parce que la réflxivité et la transivité ne sont pas vérifiées.
4. La relation $\leq$ sur $E = \mathbb{R}$ par exemple n'est pas une relation d'équivalence parce que la symétrie n'est pas vérifiée.

3.2.1 *Classes d'équivalence*

Définition 3.2.2. *Soit $\Re$ une relation d'équivalence définie sur un ensemble*

La classe d'équivalence de x suivant la relation $\Re$ est l'ensemble des éléments y de E qui sont en relation avec x, on la note C_x ou $\dot{x}$ donc : $C_x = \{y \in E \ / \ y\Re x\}$.

3.2.2 *Ensemble Quotient*

Définition 3.2.3. *Soient $\Re$ une relation d'équivalence définie sur un ensemble E et $x \in E$.*

L'ensemble Quotient de E par $\Re$, on le note $E/\Re$ est l'ensemble de toutes les classes d'équivalence des éléments de Eet on a : $E/\Re = \{C_x \ / \ x \in E\}$.

Propriétés

- $\forall x \in E, x \in C_x$
- $\forall x, y \in E, C_x = C_y \Leftrightarrow x\Re y$
- $\forall x, y \in E, C_x \neq C_y \Leftrightarrow C_x \cap C_y = \varnothing$
- $E = \bigcup_{x \in E} C_x.$

3.3 Relation d'ordre sur un ensemble

Définition 3.3.1. *Soit E un ensemble et $\Re$ une relation définie sue E.*

On dit que $\Re$ est une relation d'ordre (ou plus simplement un ordre) si elle est

- *Réflexive :* $\forall x \in E, \quad x \Re x$,
- *Antisymétrique :*$\forall x,\, y \in E, \quad (x\Re y \text{ et } y\Re x) \Rightarrow x = y$,
- *Transitive :*$\forall x,\, y,\, z \in E, \quad (x\Re y \text{ et } y\Re z) \Rightarrow x\Re z$.

Exemples

1. Sur $\mathbf{N}^*$, la relation $\Re$ définie par : $\forall x,\, y \in \mathbf{N}^*, \quad x\Re y \Leftrightarrow x$ divise y est une relation d'ordre.
2. Sur $\mathbf{Z}$, la relation usuelle $x \leq y$ est une relation d'ordre.
3. Sur l'ensemble des parties $P(\mathbf{N})$, la relation d'inclusion est une relation d'ordre.

3.3.1 Ordre total et ordre partiel

Définition 3.3.2. *Soit $\Re$ une relation d'ordre définie sur un ensemble E.*

- *La relation $\Re$ est un ordre total si $\forall x,\, y \in E$ on a : $x\Re y$ ou $y\Re x$.*

  C'est-à-dire on peut toujours comparer deux éléments x et y à l'aide de $\Re$.
- *Si la relation $\Re$ n'est pas un ordre total, on dira que $\Re$ est un ordre partiel.*

Exemples

1. La relation $\leq$ définie sur $\mathbb{R}$, $\mathbb{Q}$, $\mathbb{Z}$ et $\mathbb{N}$ est une relation d'ordre total.
2. La relation "divise" définie sur $\mathbb{N}^*$ est une relation d'ordre partiel. En effet, $\exists\ 7 \in \mathbb{N}^*$, $\exists\ 8 \in \mathbb{N}^*$, tels que " 7 ne divise pas 8 " et "8 ne divise pas 2."
3. L'inclusion sur $P(\mathbb{N})$ est un ordre partiel. Par exemple, si $m \neq n$, on ne peut pas comparer les singletons $\{m\}$ et $\{n\}$ à l'aide de l'inclusion. Car $\{m\} \not\subset \{n\}$ et $\{n\} \not\subset \{m\}$.

4. Sur le plan $\mathbb{R}^2$ la relation $(x, y)\Re(x', y') \Leftrightarrow x \leq x'$ et $y \leq y'$ est un ordre partiel. Par exemple, $(0, 2)$ n'est pas en relation avec $(2, 0)$ et $(2, 0)$ n'est pas en relation avec $(0, 2)$.

3.4 *Majorants, Minorants.*

Définition 3.4.1. *Soit E un ensemble ordonné par $\leq$ et A une partie de E.*

⋆ *On dit que $M \in E$ est un majorant de A si et seulement si $\forall x \in A$, $x \leq M$,*

et on dit aussi que A est majorée.

⋆ *On dit que $m \in E$ est un minorant de A si et seulement si $\forall x \in A$, $x \geq m$,*

et on dit aussi que A est minorée.

⋆ *A est bornée si et seulement si elle est à la fois majorée et minorée,*

c'est-à-dire il existe deux réels m et M tels que $\forall x \in A$, $m \leq x \leq M$.

Ceci équivalent aussi $\forall x \in A$, $|x| \leq K$

Plus grand élément, plus petit élément

Définition 3.4.2. *Soient E un ensemble ordonné par $\leq$ et A une partie de E.*

- *On dit que b est un plus grand élément de A, on le note* $\max A$ *si et seulement si,*

  $b \in A$ *et* $\forall x \in A$, $x \leq b$

- *Si A admet un plus grand élément, alors il est unique.*

- *On dit que a est un plus petit élément de A, on le note* $\min A$ *si et seulement si,*

  $a \in A$ *et* $\forall x \in A$, $x \geq a$

- *Si A admet un plus petit élément, alors il est unique.*

Borne supérieure, borne inférieure

Définition 3.4.3. *Soient E un ensemble ordonné par $\leq$ et A une partie de E.*

- *On dit que M est une borne supérieure de A, on la note* $\sup A$ *si et seulement si,*

  M est le plus petit des majorants de A.

- *Si la borne supérieure de A existe, alors elle est unique.* • *On dit que m est une borne inférieure de A, on la note* $\inf A$ *si et seulement si,*

  m est le plus grand des minorants de A.

- *Si la borne inférieure de A existe, alors elle est unique.*

Remarques.

⋆ Si une partie A admet un plus grand élément M, alors $M = \sup A$.

⋆ Si une partie A admet un plus petit élément m, alors $m = \inf A$.

⋆ La réciproque en général est fausse.

3.5 *Exercices sur les relations.*

Exercice 3.1. *Dans $\mathbb{Z}$, on définit la relation $\Re$ par*

$$x \,\Re\, y \Leftrightarrow 5 \text{ divise } (x-y)$$

1) *Montrer que $\Re$ est une relation d'équivalence.*

2) *Trouver les classes d'équivalence.*

Solution

1)

- Soit $x \in \mathbb{Z}$, $\quad x - x = 0 = 0.5$, donc 5 divise $x - x$

  d'où $x\Re x$ et par suite $\Re$ est réflexive.

- Soient x, $y \in \mathbb{Z}$ tel que $x\Re y$. A-t-on $y\Re x$?

$$\begin{aligned} x\Re y &\Longrightarrow \exists k \text{ telque } x - y = 5k \\ &\Longrightarrow \exists k' = -k \in \mathbb{Z} \text{ tel que } y - x = 5k' \\ &\Longrightarrow y\Re x \end{aligned}$$

  d'où $\Re$ est symétrique.

- Soient x, y, $z \in \mathbb{Z}$ tels que $x\Re y$ et $y\Re z$. A-t-on $x\Re z$?

  $x\Re y$ et $y\Re z \Rightarrow \exists k,\ k' \in \mathbb{Z}$ tel que $x - y = 5k$ et $y - z = 5k'$.

  Par ailleurs $x - z = (x - y) + (y - z) = 5(k + k')$

  donc $\exists k'' = (k + k') \in \mathbb{Z}$ tel que $x - z = 5k''$,

  d'où $x\Re z$ et par suite $\Re$ est transitive.

  Finalement $\Re$ est une relation d'équivalence.

2)

$$\begin{aligned}
C_0 &= \{x \in \mathbb{Z},\, x\Re 0\} &&= \{x \in \mathbb{Z},\, 5 \text{ divise } x\} &&= \{x = 5k,\, k \in \mathbb{Z}\},\\
C_1 &= \{x \in \mathbb{Z},\, x\Re 1\} &&= \{x \in \mathbb{Z},\, 5 \text{ divise } (x-1)\} &&= \{x = 5k+1,\, k \in \mathbb{Z}\},\\
C_2 &= \{x \in \mathbb{Z},\, x\Re 2\} &&= \{x \in \mathbb{Z},\, 5 \text{ divise } (x-2)\} &&= \{x = 5k+2,\, k \in \mathbb{Z}\},\\
C_3 &= \{x \in \mathbb{Z},\, x\Re 3\} &&= \{x \in \mathbb{Z},\, 5 \text{ divise } (x-3)\} &&= \{x = 5k+3,\, k \in \mathbb{Z}\},\\
C_4 &= \{x \in \mathbb{Z},\, x\Re 4\} &&= \{x \in \mathbb{Z},\, 5 \text{ divise } (x-4)\} &&= \{x = 5k+4,\, k \in \mathbb{Z}\},\\
C_5 &= \{x \in \mathbb{Z},\, x\Re 5\} &&= \{x \in \mathbb{Z},\, 5 \text{ divise } (x-5)\} &&= \{x = 5k+5,\, k \in \mathbb{Z}\},
\end{aligned}$$

on constate que $C_5 = C_0$.

En fait, on montre que

$$\begin{aligned}
\ldots &= C_{-5} = C_0 = C_5 = C_{10} = \ldots\\
\ldots &= C_{-4} = C_1 = C_6 = C_{11} = \ldots\\
\ldots &= C_{-3} = C_2 = C_7 = C_{12} = \ldots\\
\ldots &= C_{-2} = C_3 = C_8 = C_{13} = \ldots\\
\ldots &= C_{-1} = C_4 = C_9 = C_{14} = \ldots
\end{aligned}$$

Ainsi, les classes d'équivalence sont : C_0, C_1, C_2, C_3 et C_4.

$$\mathbb{Z}/_{\Re} = \{C_0,\, C_1,\, C_2,\, C_3,\, C_4\}.$$

Cet ensemble est souvent noté $\mathbb{Z}/_{5\mathbb{Z}}$.

Exercice 3.2. *Soit $E = \{(x,y),\, x \in \mathbb{R},\, y \in \mathbb{R}^*\}$, l'ensemble des points du plan privé de l'axe des abscisses et soit $\Re$ la relation définie sur E par :* $(x,y)\ \Re\ (x',y') \Leftrightarrow \dfrac{x}{y} = \dfrac{x'}{y'}$.

1) *Montrer que $\Re$ est une relation d'équivalence.*

2) *Déterminer les classes d'équivalence.*

Solution

1)

- Soit $(x,y) \in \mathbb{R} \times \mathbb{R}^*$, on a $\dfrac{x}{y} = \dfrac{x}{y}$ d'où $(x,y)\Re(x,y)$ et par suite $\Re$ est réflexive.
- Soient (x,y), $(x',y') \in \mathbb{R} \times \mathbb{R}^*$ tels que $(x,y)\ \Re\ (x',y')$. A-t-on $(x',y')\Re(x,y)$?

$$\begin{aligned}(x,y)\Re(x',y') &\Longrightarrow \frac{x}{y}=\frac{x'}{y'}\\ &\Longrightarrow \frac{x'}{y'}=\frac{x}{y}\\ &\Longrightarrow (x',y')\Re(x,y)\end{aligned}$$

d'où $\Re$ est symétrique.

- Soient (x,y), (x',y'), $(x'',y'')\in\mathbb{R}\times\mathbb{R}^*$ tels que $(x,y)\Re(x',y')$ et $(x',y')\Re(x'',y'')$

  A-t-on $(x,y)\Re(x'',y'')$?

  On a

$$(x,y)\Re(x',y')\Longrightarrow \frac{x}{y}=\frac{x'}{y'} \tag{3.1}$$

  et

$$(x',y')\Re(x'',y'')\Longrightarrow \frac{x'}{y'}=\frac{x''}{y''} \tag{3.2}$$

  De (3.1) et (3.2) on a $\frac{x}{y}=\frac{x''}{y''}$,

  d'où $(x,y)\Re(x'',y'')$ et par suite $\Re$ est transitive.

  Finalement $\Re$ est une relation d'équivalence.

2)

$$\begin{aligned}C_{(a,b)} &= \{(x,y)\in\mathbb{R}\times\mathbb{R}^*,\quad (x,y)\Re(a,b)\}\\ &= \{(x,y)\in\mathbb{R}\times\mathbb{R}^*,\quad \frac{x}{y}=\frac{a}{b}\}\\ &= \{(x,y)\in\mathbb{R}\times\mathbb{R}^*,\quad x=\frac{a}{b}y\}.\end{aligned}$$

Si $a=0$ alors $C_{a,b}=\{0\}\times\mathbb{R}^*$.

Si $a\neq 0$, alors $C_{(a,b)}$ est une droite d'équation $y=\frac{b}{a}x$ privée de l'origine.

Exercice 3.3. 1. *Soit $\Re$ une relation définie sur $\mathbb{Z}$ par*

$$x \Re y \Longleftrightarrow (\exists\ m \in \mathbb{Z} \text{ telque } x - y = 3m).$$

a) Etablir que $\Re$ est une relation d'équivalence.

b) Quelles sont les classes d'équivalence ?

c) Déterminer l'ensemble quotient.

2. Soit $\Re$ une relation définie sur $\mathbb{C}^*$ par : $z \Re z' \Longleftrightarrow \dfrac{z}{z'} \in \mathbb{R}_+^*$.

a) Montrer que $\Re$ est une relation d'équivalence.

b) Quelles sont les classes d'équivalence ?

c) Déterminer l'ensemble quotient.

Solution

1. *a)* • Soit $x \in \mathbb{Z}$, $x - x = 0 = 0.3$, donc 3 divise $x - x$

d'où $x\Re x$ et par suite $\Re$ est réflexive.

• Soient $x, y \in \mathbb{Z}$ tel que $x\Re y$. A-t-on $y\Re x$?

$$\begin{aligned} x\Re y &\Longrightarrow \exists m \in \mathbb{Z} \text{ tel que } x - y = 3m \\ &\Longrightarrow \exists m' = -m \in \mathbb{Z} \text{ tel que } y - x = 3m' \\ &\Longrightarrow y\Re x \end{aligned}$$

d'où $\Re$ est symétrique.

• Soient $x, y, z \in \mathbb{Z}$ tels que $x\Re y$ et $y\Re z$. A-t-on $x\Re z$?

$x\Re y$ et $y\Re z \Rightarrow \exists m, m' \in \mathbb{Z}$ tels que $x - y = 3m$ et $y - z = 3m'$.

Par ailleurs $x - z = 3(m + m')$

donc $\exists m'' = (m + m') \in \mathbb{Z}$ tel que $x - z = 3m''$,

d'où $x\Re z$ et par suite $\Re$ est transitive.

Finalement $\Re$ est une relation d'équivalence.

b) La classe d'équivalence d'un élément x de $\mathbb{Z}$ est

$$C_x = \{y \in \mathbb{Z}/ \quad y\Re x\} = \{y \in \mathbb{Z}/ \quad y = 3m + x,\, m \in \mathbb{Z}\}$$

$$C_0 = \{y \in \mathbb{Z},\, y = 3m, \quad m \in \mathbb{Z}\}$$

$$C_1 = \{y \in \mathbb{Z},\, y = 3m + 1, \quad m \in \mathbb{Z}\}$$

$$C_2 = \{y \in \mathbb{Z},\, y = 3m + 2, \quad m \in \mathbb{Z}\}$$

$$C_3 = \{y \in \mathbb{Z},\, y = 3m + 3, \quad m \in \mathbb{Z}\}$$

on constate que $C_3 = C_0$.

Donc, les classes d'équivalence de $\Re$ sont C_0, C_1 et C_2.

c) L'ensemble quotient de $\mathbb{Z}$ par $\Re$ est : $\mathbb{Z}/_{\Re} = \{C_0,\, C_1,\, C_2\} = \mathbb{Z}/3\mathbb{Z}$

2. *a*) • Soit $z \in \mathbb{C}^*$, on a $\frac{z}{z} = 1$, d'où $z\Re z$ et par suite $\Re$ est réflexive.

• Soient $z,\, z' \in \mathbb{C}^*$ tels que $z\Re z'$. A-t-on $z'\Re z$?

$$\begin{aligned} z\Re z' &\Longrightarrow \frac{z}{z'} \in \mathbb{R}^*_+ \\ &\Longrightarrow \frac{z'}{z} \in \mathbb{R}^*_+ \\ &\Longrightarrow z'\Re z \end{aligned}$$

d'où $\Re$ est symétrique.

• Soient $z,\, z',\, z'' \in \mathbb{C}^*$ tels que $z\Re z'$ et $z'\Re z''$. A-t-on $z\Re z''$?

$$z\Re z' \Longrightarrow \frac{z}{z'} \in \mathbb{R}^*_+$$

et

$$z'\Re z'' \Longrightarrow \frac{z'}{z''} \in \mathbb{R}^*_+$$

Par ailleurs $\quad \frac{z}{z'} \times \frac{z'}{z''} = \frac{z}{z''} \in \mathbb{R}^*_+,$

d'où $z\Re z''$ et par suite $\Re$ est transitive.

Finalement $\Re$ est une relation d'équivalence.

b) La classe d'équivalence d'un élément $a \in \mathbb{C}^*$ est :

$$\begin{aligned} C_a &= \{z \in \mathbb{C}^*/ \quad \frac{a}{z} \in \mathbb{R}^*_+\} \\ &= \{z \in \mathbb{C}^*, \quad \exists k \in \mathbb{R}^* \text{ tel que } a = zk\} \\ &= \{\lambda a, \quad \lambda > 0\}. \end{aligned}$$

$c)$ L'ensemble quotient de $\mathbb{C}^*$ par $\Re$ est $\mathbb{C}^*/_{\Re} = \{C_a,\, a \in \mathbb{C}^*\}$.

Exercice 3.4. *Dans $\mathbb{C}$, on définit la relation $\Re$ par :* $z \,\Re\, z' \Leftrightarrow |z| = |z'|$

1) *Montrer que $\Re$ est une relation d'équivalence.*

2) *Déterminer la classe d'équivalence de chaque $z \in \mathbb{C}$.*

Solution

1. • Soit $z \in \mathbb{C}$, $|z| = |z|$, d'où $z\Re z$ et par suite $\Re$ est réflexive.

   • Soient $z,\, z' \in \mathbb{C}$ tels que $z\Re z'$. A-t-on $z'\Re z$?

   $$\begin{aligned} z\Re z' &\Longrightarrow |z| = |z'| \\ &\Longrightarrow |z'| = |z| \\ &\Longrightarrow z'\Re z \end{aligned}$$

   d'où $\Re$ est symétrique.

   • Soient $z,\, z',\, z'' \in \mathbb{C}$ tels que $z\Re z'$ et $z'\Re z''$. A-t-on $z\Re z''$?

   $z\Re z' \Longrightarrow |z| = |z'|$

   et

   $z'\Re z'' \Longrightarrow |z'| = |z''|$

   Par ailleurs $|z| = |z''|$, d'où $z\Re z''$ et par suite $\Re$ est transitive.

   Finalement $\Re$ est une relation d'équivalence.

2. La classe d'équivalence d'un point $z \in \mathbb{C}$ est l'ensemble des complexes qui sont en relation avec z.

   C'est-à-dire l'ensemble des complexes dont le module est égale à $|z|$.

   Donc la classe d'équivalence de z est le cercle de centre 0 et de rayon $|z|$

   $$C_z = \{ \quad |z|e^{i\theta}/ \quad \theta \in \mathbb{R} \quad \}.$$

Exercice 3.5. *Soit $f : \mathbb{R} \longrightarrow \mathbb{R}$ une application. On définit la relation $\Re$ sur $\mathbb{R}$ par*

$$x \,\Re\, y \Leftrightarrow f(x) = f(y)$$

1. *Montrer que $\Re$ est une relation d'équivalence.*
2. *Décrire la classe C_x, $x \in \mathbb{R}$.*
3. *Discuter suivant la valeur de x le nombre d'éléments contenus dans la classe de x dans le cas où $f(x) = x^3 - 3x + 2$ et $f(x) = \dfrac{x}{e^x}$.*

Solution

1. • Soit $x \in \mathbb{R}$, $f(x) = f(x)$, c'est-à-dire $x\Re x$, d'où $x\Re x$ et par suite $\Re$ est réflexive.

   • Soient x, $y \in \mathbb{R}$ tels que $x\Re y$. A-t-on $y\Re x$? On a

   $$\begin{aligned} x\Re y &\Longrightarrow f(x) = f(y) \\ &\Longrightarrow f(y) = f(x) \\ &\Longrightarrow y\Re x \end{aligned}$$

   d'où $\Re$ est symétrique.

   • Soient x, y, $z \in \mathbb{R}$ tels que $x\Re y$ et $y\Re z$. A-t-on $x\Re z$?

   $$x\Re y \Longrightarrow f(x) = f(y)$$

   et

   $$y\Re z \Longrightarrow f(y) = f(z)$$

   Par ailleurs $f(x) = f(z)$,

   d'où $x\Re z$ et par suite $\Re$ est transitive.

   Finalement $\Re$ est réflexive, symétrique et transitive, alors $\Re$ une relation d'équivalence.

2. La classe d'équivalence de x est

   $$\begin{aligned} C_x &= \{y \in \mathbb{R} / \quad y\Re x\} \\ &= \{y \in \mathbb{R} / \quad f(x) = f(y)\} \end{aligned}$$

3. • $f(x) = x^3 - 3x + 2$

$$\begin{aligned} C_\alpha &= \{x \in \mathbb{R}/ \quad x\Re\alpha\} \\ &= \{x \in \mathbb{R}/ \quad x^3 - 3x + 2 = \alpha^3 - 3\alpha + 2\} \\ &= \{x \in \mathbb{R}/ \quad (x-\alpha)(x^2 + \alpha x + \alpha^2 - 3) = 0\} \\ &= \{x \in \mathbb{R}/ \quad x = \alpha \text{ ou } x^2 + \alpha x + \alpha^2 - 3 = 0\}. \end{aligned}$$

On distingue trois cas

⋆ Si $\alpha = 2$ ou $\alpha = -2$, alors $C_2 = \{2, \quad -1\}$, $C_{-2} = \{-2, \quad 1\}$

⋆ Si $\alpha \in]-2, \quad 2[$, alors $C_\alpha = \left\{\alpha, \quad \frac{-\alpha + \sqrt{12 - 3\alpha^2}}{2}, \quad \frac{-\alpha - \sqrt{12 - 3\alpha^2}}{2}\right\}$

⋆ Si $\alpha \in]-\infty, \quad -2[\cup]2, \quad +\infty[$, alors $C_\alpha = \{\alpha\}$

- $f(x) = \dfrac{x}{e^x}$

$$\begin{aligned} C_\alpha &= \{x \in \mathbb{R}/ \quad x\Re\alpha\} \\ &= \{x \in \mathbb{R}/ \quad f(x) = f(\alpha)\} \\ &= f^{-1}(f(\alpha)). \end{aligned}$$

L'étude de la fonction f montre que f est stictement croissante sur $]-\infty, \quad 1[$ et strictement décroissante sur $]1, \quad +\infty[$.

De plus $\lim\limits_{\alpha \longrightarrow -\infty} f(x) = +\infty$, $\lim\limits_{\alpha \longrightarrow +\infty} f(x) = 0$ et $f(1) = \frac{1}{e}$. Pour $\alpha > 0$, alors $f(\alpha) \in]0, \quad \frac{1}{e}]$ et alors $f(x)$ a deux antécédents. Pour $\alpha \leq 0$, alors $f(\alpha) \in]-\infty, \quad 0]$ et alors $f(x)$ a seul antécédent.

conclusion : Si $\alpha > 0$, alors Card $C_\alpha =$ Card $f^{-1}(f(\alpha)) = 2$ et si $\alpha \leq 0$, alors

Card $C_\alpha =$ Card $f^{-1}(f(\alpha)) = 1$.

Exercice 3.6. *Sur $\mathbb{R}^2$, on considère la relation $\Re$ définie par*

$$(x,y)\Re(x',y') \iff x^2+y^2=(x')^2+(y')^2$$

1. *Montrer que $\Re$ est une relation d'équivalence.*
2. *Déterminer la classe d'équivalence d'un élément de $\mathbb{R}^2$*
3. *En déduire l'ensemble quotient de $\mathbb{R}^2$ par $\Re$.*

Solution

1. • On a $x^2+y^2=x^2+y^2$, donc $(x,y)\Re(x,y)$

   et par suite $\Re$ est réflexive.

   • On a

$$\begin{aligned}(x,y)\Re(x',y') &\Longrightarrow x^2+y^2=(x')^2+(y')^2\\ &\Longrightarrow (x')^2+(y')^2=x^2+y^2\\ &\Longrightarrow (x',y')\Re(x,y)\end{aligned}$$

   et par suite $\Re$ est symétrique.

   • On a

$$(x,y)\Re(x',y') \Longrightarrow x^2+y^2=(x')^2+(y')^2$$

et

$$(x',y')\Re(x'',y'') \Longrightarrow (x')^2+(y')^2=(x'')^2+(y'')^2$$

   D'où $x^2+y^2=(x'')^2+(y'')^2$,

   donc $\Re$ est transitive.

   Finalement $\Re$ est une relation d'équivalence.

2. La classe d'équivalence de (a,b) de $\mathbb{R}^2$ est

$$\begin{aligned}C_{(a,b)} &= \{(x,y)\in\mathbb{R}^2/\quad (x,y)\Re(a,b)\quad\}\\ &= \{(x,y)\in\mathbb{R}^2/\quad x^2+y^2=a^2+b^2\}.\end{aligned}$$

   Si on pose $r^2=a^2+b^2$, alors $x^2+y^2=r^2$, donc la classe d'équivalence de (a,b) est le cercle de centre $(0,0)$ et de rayon r. Si $(a,b)=(0,0)$ la classe d'équivalence de (a,b) est réduite à $(0,0)$.

3. L'ensemble quotient de $\mathbb{R}^2$:

$$\mathbb{R}^2/\Re = \{ \quad C_{(a,b)} / \quad (a,b) \in \mathbb{R}^2 \quad \}$$

c'est l'ensemble de tous les cercles de centre 0 et des rayons sont variables.

Exercice 3.7. *Soit E un ensemble et soit A une partie de E.*

On définit dans $P(E)$ la relation déquivalence $\Re$ par :

pour tout couple (X,Y) de partie de E, $X \Re Y \Longleftrightarrow A \cap X = A \cap Y$

1) *Expliciter les classes $\dot{\varnothing}$, $\dot{E}$, $\dot{A}$ et $\dot{\complement}_E A$.*

2) *Montrer que si $B = A \cap X$, alors B est l'unique représentant de $\dot{X}$ contenu dans A.*

Solution

1)

- $$\begin{aligned} \dot{\varnothing} &= \{X \in P(E), \quad A \cap \varnothing = A \cap X\} \\ &= \{X \in P(E), \quad A \cap X = \varnothing\} \\ &= \{X \in P(E), \quad X \subset \complement_E A\} \end{aligned}$$

- $$\begin{aligned} \dot{E} &= \{X \in P(E), \quad A \cap E = A \cap X\} \\ &= \{X \in P(E), \quad A \cap X = A\} \\ &= \{X \in P(E), \quad A \subset X\} \\ &= \{X \in P(E), \quad X \subset \complement_E A\} \end{aligned}$$

- $$\begin{aligned} \dot{A} &= \{X \in P(E), \quad A \cap A = A \cap X\} \\ &= \{X \in P(E), \quad A \cap X = A\} \\ &= \{X \in P(E), \quad A \subset X\} \\ &= \{X \in P(E), \quad X \subset \complement_E A\} \end{aligned}$$

- $$\begin{aligned} \dot{\complement}_E A &= \{X \in P(E), \quad A \cap \complement_E A = A \cap X\} \\ &= \{X \in P(E), \quad A \cap X = \varnothing\} \\ &= \{X \in P(E), \quad X \subset \complement_E A\} \end{aligned}$$

2) $A \cap B = A \cap (A \cap X) = (A \cap A) \cap X = A \cap X$

Donc $B \in C_X$ il est clair que $B \subset A$.

Montrons maitenant que B est unique :

Soit $B' \in C_X$ et $B' \subset A$,

$A \cap X = A \cap B' = B'$ car $B' \subset A$ ce qui entraine que $B' = A \cap X$.

Donc $B' = B$ et par suite $B = A \cap X$ est le seul élément de la classe d'équivalence de X qui soit une partie de A.

Exercice 3.8. *Soit $\Re$ la relation sur $\mathbb{N}^*$ définie par :* $\forall x, y \in \mathbb{N}^*, \quad x \Re y \Leftrightarrow x$ *divise* y

1. *Montrer que $\Re$ est une relation d'ordre sur $\mathbb{N}^*$.*
2. *$\Re$ est-elle une relation d'ordre total ?*

Solution

1. • Soit $x \in \mathbb{N}^*$, comme $x = 1.x$, donc x divise x

   d'où $x\Re x$ et par suite $\Re$ est réflexive.

   • Soient $x, y \in \mathbb{N}^*$ tels que $x\Re y$ et $y\Re x$ A-t-on $y = x$?

   $$x\Re y \text{ et } y\Re x \Longrightarrow \exists m, m' \in \mathbb{N}^* \text{ tels que } y = mx \text{ et } x = m'y$$

   Donc $mm' = 1$ et comme $m, m' \in \mathbb{N}^*$, il en resulte que $m = m' = 1$

   d'où $x = y$ et par suite $\Re$ est antisymétrique.

   • Soient $x, y, z \in \mathbb{N}^*$ tels que $x\Re y$ et $y\Re z$. A-t-on $x\Re z$?

   $x\Re y$ et $y\Re z \Rightarrow \exists m, m' \in \mathbb{N}^*$ tels que $y = mx$ et $z = m'y$.

   d'où $z = (mm')x$, donc $\exists m'' = mm' \in \mathbb{N}^*$ tel que $z = m''x$

   d'où $x\Re z$ et par suite $\Re$ est transitive.

   Finalement $\Re$ est une relation d'ordre.

2. La relation "divise " définie sur $\mathbb{N}^*$ est une relation d'ordre partiel.

En effet $\exists\ 2 \in \mathbb{N}^*$, $\exists\ 5 \in \mathbb{N}^*$, tels que "2 ne divise pas 5" et "5 ne divise pas 2".

C'est-à-dire 2 et 5 ne sont pas comparables par la relation "divise" sur $\mathbb{N}^*$.

Exercice 3.9. *Dans $\mathbb{N}^*$, on définit la relation $\Re$ par : $x \Re y \Leftrightarrow \exists k \in \mathbb{N}^*$ tel que $y = kx$.*

1. *Montrer que $\Re$ est une relation d'ordre partiel sur $\mathbb{N}^*$.*
2. *On considère que l'ensemble $\mathbb{N}^*$ est ordonné par la relation $\Re$.*

- *L'ensemble $\mathbb{N}^*$ possède-t-il un plus grand élément ? un plus petit élément ?.*

3. *Soit $A = \{4, 5, 6, 7, 8, 9, 10\}$.*

- *L'ensemble A possède-t-il un plus grand élément ? un plus petit élément ?.*

Solution

1. • Il existe $k = 1 \in \mathbb{N}^*$, tel que $x = 1.x$, donc $x \Re x$

   d'où $\Re$ est réflexive.

   • Soients x, $y \in \mathbb{N}^*$ tels que $x\Re y$ et $y\Re x$ A-t-on $x = y$?

   $x\Re y$ et $y\Re x$, alors il existe k, $k' \in \mathbb{N}^*$ tels que $y = kx$ et $x = k'y$,

   d'où $y = kk'y$, en simplifiant par $y \neq 0$, on obtient $kk' = 1$ et comme k et k' sont des entiers,

   alors $k = k' = 1$, on déduit que $x = y$

   d'où la relation $\Re$ est antisymétrique.

   • Soient x, y, $z \in \mathbb{N}^*$ tels que $x\Re y$ et $y\Re z$. A-t-on $x\Re z$?

   On a $x\Re y$ et $y\Re z$, alors il existe k, $k' \in \mathbb{N}^*$ tels que $y = kx$ et $z = k'y$.

   d'où $z = (kk')x$ et comme $mm' \in \mathbb{N}^*$, alors $x\Re z$ et par suite $\Re$ est transitive.

   La relation $\Re$ est à la fois réflexive, antisymétrique et transitive donc $\Re$ une relation d'ordre.

   L'ordre n'est pas total car il ya des éléments de $\mathbb{N}^*$ qui ne sont pas en relation, par exemple

   On a ni $3 \Re 5$ ni $5 \Re 3$, donc l'ordre est partiel.

2. • Supposons que $\mathbb{N}^*$ admet un plus grand élément α alors $2\alpha = k\alpha$ avec $k = 2 \in \mathbb{N}^*$, donc $\alpha\Re 2\alpha$

   ce qui signifie que 2α est plus grand élément (au sens de $\Re$) que α c'est une contradiction puisque α est le plus grand élément de $\mathbb{N}^*$ n'admet pas un plus grand élément.

Si $x\Re y$, alors $x \leq y$, puisque $y = kx$, $k \in \mathbb{N}^*$, donc $y \geq x$.

Si le plus petit élément existe cela ne peut être que le plus petit élément de $\mathbb{N}^*$ au sens de $\Re$.

Pour tout $n \in \mathbb{N}^*$, il existe $k = n \in \mathbb{N}^*$ tel que $n = k \times 1$, donc $1\Re n$ alors 1 est le plus petit élément de $\mathbb{N}^*$.

- L'ensemble $\mathbb{N}^*\backslash\{1\}$ n'admet pas un plus petit élément puisque 2 ne vérifie pas $2\Re n \Leftrightarrow n = k\times 2$, $k \in \mathbb{N}^*$ pour tout $n \in \mathbb{N}^*$.

3. - Le plus petit élément de A possible est 4, mais il n'existe pas de $k \in \mathbb{N}^*$ tel que $5 = k \times 4$ ou bien $6 = k \times 4$, donc A n'admet pas un plus petit élément.
   - De même le plus grand élément de A possible est 10, mais il n'existe pas de $k \in \mathbb{N}^*$ tel que $10 = k \times 7$ ou bien $10 = k \times 4$, donc A n'admet pas un plus grand élément.

Exercice 3.10. *Dans $\mathbb{N}^*$, on définit la relation $\Re$ par :*

$$\forall x,\, y \in \mathbb{N}^*,\, x \Re y \Leftrightarrow \exists n \in \mathbb{N}^* \text{ tel que } y = x^n.$$

1. *Montrer que $\Re$ est une relation d'ordre partiel sur $\mathbb{N}^*$.*
2. *On considère que l'ensemble $\mathbb{N}^*$ est ordonné par la relation $\Re$.*

Soit $A = \{2,\, 4,\, 16\}$. Déterminer le plus grand élément et le plus petit élément de A.

3. *La relation $\Re$ est une relation d'ordre total sur A ?.*

Solution

1. - Pour tout $x \in \mathbb{N}^*$, il existe $n = 1 \in \mathbb{N}^*$ tel que $x = x^1$, donc $x \Re x$ et par suite $\Re$ est réflexive.
   - Soient $x,\, y \in \mathbb{N}^*$ tels que $x\Re y$ et $y\Re x$ A-t-on $x = y$?

     On a $x\Re y$ et $y\Re x$, alors il existe $n,\, n' \in \mathbb{N}^*$ tels que $y = x^n$ et $x = y^{n'}$,

     alors $y = y^{nn'}$, donc $nn' = 1$ et comme n et n' sont des entiers positifs, donc $n = n' = 1$, on en déduit que $x = y$

d'où la relation $\Re$ est antisymétrique.

- Soient $x,\ y,\ z \in \mathbb{N}^*$ tels que $x\Re y$ et $y\Re z$. A-t-on $x\Re z$?

  On a $x\Re y$ et $y\Re z$, alors il existe $n,\ n' \in \mathbb{N}^*$ tels que $y = x^n$ et $z = y^{n'}$.

  d'où $z = x^{nn'} = x^{n''}$, donc $x\Re z$ et par suite $\Re$ est transitive.

  La relation $\Re$ est à la fois réflexive, antisymétrique et transitive donc $\Re$ une relation d'ordre.

L'ordre n'est pas total car il ya des éléments de $\mathbb{N}^*$ qui ne sont pas en relation, par exemple

ni $3\ \Re\ 5$ ni $5\ \Re\ 3$.

2. Si $x\Re y$ alors $x \leq y$ car $\exists n \in \mathbb{N}^*$ tel que $y = x^n \geq x$ car $x \geq 1$.

- On a

  $2 = 2^1 \quad \Rightarrow 2\Re 2$

  $4 = 2^2 \quad \Rightarrow 2\Re 4$

  $16 = 2^4 \quad \Rightarrow 2\Re 16$

  donc 2 est le plus petit élément de A.

- On a

  $16 = 16^1 \quad \Rightarrow 16\Re 16$

  $16 = 2^4 \quad \Rightarrow 2\Re 16$

  $16 = 4^2 \quad \Rightarrow 4\Re 16$

  donc 16 est le plus grand élément de A.

3. $\Re$ est une relation d'ordre total sur A car les élément de A sont comparables par cette relation.

Exercice 3.11. *Dans $\mathbb{R}^2$, on considère la relation $\Re$ définie par :*

$$\forall (x,y),\ (x',y') \in \mathbb{R}^2,\ (x,y)\ \Re\ (x',y') \Leftrightarrow x \leq x' \text{ et } y \leq y'.$$

1. *Montrer que $\Re$ est une relation d'ordre .*
2. *L'ordre est-il total ?.*
3. *Priciser minorants, majorants, bornes inférieure et supérieure de la partie $A = \{(1,5),\ (2,1)\}$.*
4. *La partie A possède-t-elle un plus grand élément ? un plus petit élément ?*

Solution

1. • Soit $(x,y) \in \mathbb{R}^2$, on a $x \leq x$ et $y \leq y$ c'est-à-dire $(x,y)\Re(x,y)$ et par suite $\Re$ est réflexive.

   • Soient (x,y), $(x',y') \in \mathbb{R}^2$ tels que

   $(x,y)\Re(x',y')$ et $(x',y')\Re(x,y)$. A-t-on $(x,y) = (x',y')$?

   $(x,y)\Re(x',y') \implies x \leq x'$ et $y \leq y'$

   et

   $(x',y')\Re(x,y) \implies x' \leq x$ et $y' \leq y$

   alors $x = x'$ et $y = y'$ c'est-à-dire $(x,y) = (x',y')$

   d'où $\Re$ est antisymétrique.

   • Soient (x,y), (x',y'), $(x'',y'') \in \mathbb{R}^2$ tels que

   $(x,y)\Re(x',y')$ et $(x',y')\Re(x'',y'')$ A-t-on $(x,y)\Re(x'',y'')$?

   $(x,y)\Re(x',y') \implies x \leq x'$ et $y \leq y'$

   et

   $(x',y')\Re(x,y) \implies y' \leq x''$ et $y' \leq y''$

   alors $x = x'$ et $y = y'$ c'est-à-dire $(x,y) = (x',y')$

   d'où $(x,y)\Re(x'',y'')$ et par suite $\Re$ est transitive.

$\Re$ est à la fois réflexive, antisymetrique et transitive donc $\Re$ est une relation d'ordre sur $\mathbb{R}^2$.

2. L'ordre est partiel car les éléments $(5,1)$ et $(2,7)$, par exemple ne sont pas comparables par la relation $\Re$

3. $A = \{(1,5),\ (2,1)\}$

   - (x,y) est un minorant de $A \Longleftrightarrow \forall (a,b) \in A$, on a $(x,y)\Re(a,b)$

     D'où l'ensemble des minorants de A est :

     $$\{(x,y) \in \mathbb{R}^2 / \quad x \leq 1 \text{ et } y \leq 1\}$$

     La borne inférieure de A est $\inf A = (1,1)$.

   - (x,y) est un majorant de $A \Longleftrightarrow \forall (a,b) \in A$, on a $(a,b)\Re(x,y)$

     Donc l'ensemble des majorants de A est :

     $$\{(x,y) \in \mathbb{R}^2 / \quad x \geq 2 \text{ et } y \geq 5\}$$

     La borne suérieure de A est $\sup A = (2,5)$.

4. - Supposons que le plus grand élément de A existe donc il appartiendrait à A et serait égal à la borne supérieure de A, or $\sup A = (2,5) \notin A$ donc A ne possède pas un plus grand élément.

   - Supposons que le plus petit élément de A existe donc il appartiendrait à A et serait égal à la borne inférieure de A, or $\inf A = (1,1) \notin A$ donc A ne possède pas un plus petit élément.

Exercice 3.12. *Soit E un ensemble non vide.*

On considère la relation $\Re$ définie sur $P(E)$ par : $\forall A,\ B \in P(E), \quad A \ \Re\ B \Leftrightarrow A \subset B$.

1) *Montrer que $\Re$ est une relation d'ordre.*

2) *$\Re$ est-elle une relation d'ordre total ?.*

1. - Soit $A \in P(E)$, on a $A \subset A$, d'où $A\Re A$

     par suite $\Re$ est réflexive.

- Soient A, $B \in P(E)$ tels que $A\Re B$ et $B\Re A$. A-t-on $A = B$?

  $$A\Re B \implies A \subset B$$

  et

  $$B\Re A \implies B \subset A$$

  d'où $A = B$, par suite $\Re$ est antisymétrique.

- Soient A, B, $C \in P(E)$ tels que $A\Re B$ et $B\Re C$. A-t-on $A\Re C$?

  On a ($A\Re B$ et $B\Re C$) alors ($A \subset B$ et $B \subset C$) donc $A \subset C$, d'où $A\Re C$ et par suite $\Re$ est transitive.

  La relation $\Re$ est à la fois réflexive, antisymétrique et transitive donc $\Re$ une relation d'ordre sur $P(E)$.

2. $\Re$ n'est pas d'ordre total dès que $\text{Card}(E) \geq 2$.

   En effet, soient a, $b \in E$ avec $a \neq b$, on a bien $\{a\} \not\subset \{b\}$ et $\{b\} \not\subset \{a\}$ donc on a deux éléments ne sont pas comparables par cette relation.

Chapitre 4

Structures algébriques.

4.1 *Loi de composition interne.*

Définition 4.1.1. *Soient E, F deux ensembles non vides et f une application de $E \times E$ dans F.*

f est une loi de composition interne sur E si, $f(E \times E) \subset E$, c'est-à-dire $\forall x, y \in E, f(x,y) \in E$.

$f(x,y)$ est souvent notée $x * y$ ou $x \perp y$.

Exemples

• Pour tout ensemble A, l'intersection et la réunion sont des lois de composition internes sur l'ensemble des parties de A.

• L'addition et la multiplication sont des lois de composition internes sur $\mathbb{N}$.

• La soustraction n'est pas une loi de composition interne sur $\mathbb{N}$, car $2, 3 \in \mathbb{N}, 2 - 3 \notin \mathbb{N}$.

Commutativité

Soit $*$ une loi de composition interne définie sur un ensemble E.

$$* \text{ est commutative si, } \forall x, y \in E, x * y = y * x.$$

Exemples

• L'addition et la multiplication sont des lois de composition internes commutatives sur $\mathbb{N}, \mathbb{Z}, \mathbb{Q}, \mathbb{R}$ et $\mathbb{C}$.

• La réunion et l'intersection de deux parties A, B de E sont des lois de composition internes commutatives sur l'ensemble des parties de E.

• La soustraction et la division ne sont pas des lois de composition internes commutatives sur $\mathbb{R}$.

Associativité

Soit $*$ une loi de composition interne définie sur un ensemble E.

$$* \text{ est associative si, } \forall x, y, z \in E, (x * y) * z = x * (y * x).$$

Exemples

• L'addition et la multiplication sont des lois de composition internes associatives sur $\mathbb{N}, \mathbb{Z}, \mathbb{Q}, \mathbb{R}$ et $\mathbb{C}$.

• La composition des applications est une loi de composition interne associative.

Elément neutre Soit $*$ une loi de composition interne définie sur un ensemble E. Un élément e de E est élément neutre pour la loi $*$, si

$$\forall x \in E, \quad x * e = e * x = x.$$

Exemples

- 0 est l'élément neutre de l'addition dans $\mathbb{N}, \mathbb{Z}, \mathbb{Q}, \mathbb{R}$ et $\mathbb{C}$.
- 1 est l'élément neutre de la multiplication dans $\mathbb{N}, \mathbb{Z}, \mathbb{Q}, \mathbb{R}$ et $\mathbb{C}$.

Elément symétrique

Soit $*$ une loi de composition interne définie sur un ensemble E et admettant un élément neutre e. Un élément x de E est symétrique pour la loi $*$, s'il existe un élément x' de E tel que :

$$x * x' = x' * x = e.$$

De plus si $*$ est commutative, il suffit de montrer qu'il existe x' de E tel que $(x * x' = e)$ ou $(x' * x = e)$, x' est appelé le symétrique de x pour la loi $*$.

Exemples

- Dans $\mathbb{N}$, muni de l'addition, 0 est le seul élément qui admet un élément symétrique car $0+0=0$.
- Dans $\mathbb{Z}$, muni de l'addition, le symétrique d'un élément x est $x' = -x$ car

$$x + x' = x' + x = x - x = 0.$$

• Dans $\mathbb{Z}$, muni de la multiplication, 1 et -1 sont les seuls éléments qui admettent un élément symétrique car $1 \times 1 = 1$ et $(-1) \times (-1) = 1$.

Elément régulier

Soit $*$ une loi de composition interne définie sur un ensemble E.

Un élément a de E est régulier pour la loi $*$, si

$$\forall x, y \in E, \quad (x * a = y * a) \Longrightarrow x = y... \quad (1)$$

et

$$\forall x, y \in E, \quad (a * x = a * y) \Longrightarrow x = y... \quad (2).$$

De plus si $*$ est commutative, il suffit de montrer (1) ou (2).

Exemples

• Dans chacun des ensembles $\mathbb{N}, \mathbb{Z}, \mathbb{Q}, \mathbb{R}$ et $\mathbb{C}$, muni de l'addition, tout élément est régulier.

• Dans chacun des ensembles $\mathbb{N}, \mathbb{Z}, \mathbb{Q}, \mathbb{R}$ et $\mathbb{C}$, muni de la multiplication, tout élément non nul est régulier.

Distributivité

Soient $*$ et $\perp$ deux lois de composition internes définies sur un ensemble E.

$*$ est distributive par rapport à $\perp$, si

$$\forall x, y, z \in E, \quad \begin{cases} x * (y \perp z) = (x * y) \perp (x * z) \ldots (1) \\ \qquad et \\ (y \perp z) * x = (y * x) \perp (z * x) \ldots (2) \end{cases}$$

et si $*$ est commutative, il suffit de montrer (1) où (2).

Exemple

• La multiplication est distributive par rapport à l'addition dans $\mathbb{N}, \mathbb{Z}, \mathbb{Q}, \mathbb{R}$ et $\mathbb{C}$.

4.1.1 *Partie stable*

Définition 4.1.2. *Soit $*$ une loi de composition interne définie sur un ensemble E.*

On dit qu'une partie A de E est stable pour la loi $*$, si $\forall x, y \in A, x * y \in A$.

Exemples

• Soit P l'ensemble des entiers naturels pairs. Alors P est stable pour l'addition et pour la multiplication.

• Soit I l'ensemble des entiers naturels impairs. Alors I est stable pour la multiplication et n'est pas stable pour l'addition.

4.2 Loi de composition externe

Définition 4.2.1. *Soient E, Ω, F trois ensembles non vides et*

$$f: \ \Omega \times E \longrightarrow F \qquad \textit{une application}$$
$$(\alpha, x) \longmapsto f(\alpha, x)$$

f est une loi de composition externe sur E, si $f(\Omega \times E) \subset E$ c'est-à-dire :

$$\forall \alpha \in \Omega, \forall x \in E, \textit{on a}, f(\alpha, x) \in E.$$

$f(\alpha, x)$ est souvent notée $\alpha.x$

Exemples

Soit $E = \{a + b\sqrt{3},\ a, b \in Q\}$, $\quad \Omega = Q$

$$f: \ \Omega \times E \longrightarrow \mathbb{R} \qquad \textit{une application}$$
$$(\alpha, x) \longmapsto f(\alpha, x) = \alpha.x$$

Alors f est une loi de composition externe sur E.

En effet soient $\alpha \in Q, x \in E$, alors $x = a + b\sqrt{3}$.

On a, $\alpha x = a\alpha + (b\alpha)\sqrt{3} \in E$, donc f est une loi de composition externe sur E.

D'autre part, si on prend $\Omega = \mathbb{R}$, alors f n'est pas une loi de composition externe sur E car si $\alpha = \sqrt{2}$ et $x = 1$, on a : $\alpha x = \sqrt{2} \notin E$.

4.3 *Structure de groupe*

Définition 4.3.1. *Soit G un ensemble non vide muni d'une loi de composition interne $*$.*

G est un groupe pour la loi $*$, si

i) *La loi $*$ associative.*

ii) *G admet un élément neutre pour la loi $*$.*

iii) *Tout élément de G admet un symétrique pour la loi $*$.*

De plus si la loi $*$ est commutative, alors $(G, *)$ est un groupe commutatif (abélien).

Exemples

$\mathbb{Z}, \mathbb{Q}, \mathbb{R}$ et $\mathbb{C}$ munis de l'addition sont des groupes abéliens.

$\mathbb{Q}^*, \mathbb{R}^*$ et $\mathbb{C}^*$ munis de la multiplication sont des groupes abéliens.

4.3.1 Morphisme de groupes

Définition 4.3.2. *Soient $(E,*),(F,\perp)$ deux groupes et $f : E \longrightarrow F$ une application.*

On dit que f est un homomorphisme du groupe $(E,*)$ dans le groupe $(F,\perp)$, si

$\forall x,y \in E$, on a $f(x*y) = f(x)\perp f(y)$. De plus

- *Si f est injective, on dira que f est un monomorphisme.*
- *Si f est surjective, on dira que f est un épimorphisme.*
- *Si f est bijective, on dira que f est un isomorphisme.*
- *Un homomorphisme de E dans E est dit un endomorphisme de E.*
- *Un endomorphisme bijective de E est un automorphisme de E.*

4.3.2 Sous groupes

Définition 4.3.3. *Soit $(G,*)$ un groupe, $H \subset G$.*

On dit que H est un sous groupe de G, si

1. *$H \neq \emptyset$ (H contient l'élément neutre).*
2. *$\forall x,y \in H, x*y' \in H$, ($y'$ désigne le symétrique de y.)*

Où bien

1. *$H \neq \emptyset$ (H contient l'élément neutre).*
2. *$\forall x,y \in H, x*y \in H$.*
3. *$\forall x \in H, x' \in H$.*

Exemple

L'ensemble $H = n\mathbb{Z} = \{na, a \in \mathbb{Z}, n \in \mathbb{N}\}$ est un sous groupe du groupe $(\mathbb{Z},+)$.

4.4 *Anneaux*

Définition 4.4.1. *Soit A un ensemble muni de deux lois de composition internes $*$ et $\perp$.*

On dit que $(A, *, \perp)$ est un anneau si

1. *$(A, *)$ est un groupe commutatif,*
2. *la loi $\perp$ est associative,*
3. *la loi $\perp$ est distributive par rapport à la loi $*$,*
4. *la loi $\perp$ admet un élément neutre.*

De plus si $\perp$ est commutative, on dira que l'anneau est commutatif.

Exemple

- $(\mathbb{Z}, +, \times)$ est un anneau commutatif car :

1. $(\mathbb{Z}, +)$ est un groupe commutatif,
2. la multiplication des entiers relatifs est associative,
3. la multiplication est distributive par rapport à l'addition
4. 1 est l'élément neutre de la multiplication,
5. la multiplication est commutative.

Donc $(\mathbb{Z}, +, \times)$ est un anneau commutatif.

4.4.1 Morphisme d'anneaux

Définition 4.4.2. *Soient $(A, *, \perp)$ et $(A', *', \perp')$ deux anneaux d'éléments neutres 1_A et $1_{A'}$ et $f : A \longrightarrow A'$ une application.*

On dit que f est un morphisme de l'anneau $(A, *, \perp)$ dans l'anneau $(A', *', \perp')$ si

1. $\forall x, y \in A, \quad f(x * y) = f(x) *' f(y)$.
2. $\forall x, y \in A, \quad f(x \perp y) = f(x) \perp' f(y)$.
3. $f(1_A) = 1_{A'}$.

4.4.2 Sous anneau

Définition 4.4.3. *Soit $(A, *, \perp)$ un anneau d'élément unité 1_A.*

On dit qu'une partie B de A est un sous anneau de l'anneau $(A, *, \perp)$ si

1. $\forall x, y \in B, \quad x * y' \in B$, *($y'$ étant le symétrique de y pour la loi $*$).*
2. $\forall x, y \in B, \quad x \perp y \in B$.
3. $1_A \in B$.

Exemples

- $(\mathbb{Z}, +, \times)$ est un sous anneau de l'anneau $(\mathbb{Q}, +, \times)$.
- $(n\mathbb{Z}, +, \times)$ n'est pas un sous anneau de $(\mathbb{Z}, +, \times)$.

Eléments inversibles

Soit $(A, *, \perp)$ un anneau unitaire d'éléments neutre 1_A.

On dit qu'un élément $a \in A$ est inversible, s'il existe un élément $a' \in A$ tel que $a \perp a' = a' \perp a = 1_A$.

Exemple

- Dans l'anneau $(\mathbb{Z}, +, \times)$, les seuls éléments inversibles sont 1 et -1.

4.5 *Idéaux*

4.5.1 *Idéal à gauche*

Définition 4.5.1. *Une partie I d'un anneau A est appelée un idéal à gauche de A si*

- *I est un sous groupe additif de A*
- *Pour tout $a \in A$ et tout x de I, $ax \in I$.*

4.5.2 *Idéal à droite*

Définition 4.5.2. *Une partie I d'un anneau A est appelée un idéal à droite de A si*

- *I est un sous groupe additif de A*
- *Pour tout $a \in A$ et tout x de I, $xa \in I$.*

4.5.3 *Idéal bilatère*

Définition 4.5.3. *On dit qu'une partie I d'un anneau A est un idéal bilatère s'il est à la fois un idéal à gauche et un idéal à droite de A.*

Exemple

- Si A est un anneau, $\{0\}$ et A sont des idéaux de A appelés idéaux triviaux.
- Les idéaux de l'anneau $\mathbb{Z}$ des entiers relatifs sont les parties de la forme $n\mathbb{Z}$, pour tout $n \in \mathbb{N}$

4.5.4 *Idéal principal*

Définition 4.5.4. *Un idéal I de A est dit principal lorsqu'il est de la forme xA, pour un certain $x \in A$*

Exemple

- Tous les idéaux de $\mathbb{Z}$ sont principaux
- Les idéaux d'un sous-anneau de $(Q, +, X)$ sont principaux
- Un anneau dont tous les idéaux sont principaux est dit principal.

4.6 *Corps*

Définition 4.6.1. *Soit $(K, *, \perp)$ un anneau unitaire.*

On dit que $(K, *, \perp)$ est un corps si tout élément de $K \backslash \{0_K\}$ est inversible pour la loi $\perp$, (0_K étant l'élément neutre de $*$).

De plus si $\perp$ est commutative, on dira que $(K, *, \perp)$ est un corps commutatif.

Exemple

- $(Q[i], +, \times)$ est un corps.

Soit $x \in Q[i]$, donc $x = a + ib$, le nombre $x' = \frac{a}{a^2+b^2} - i\frac{b}{a^2+b^2}$ vérifié $xx' = 1$,

d'où x est inversible et par suite $(Q[i], +, \times)$ est un corps.

4.7 Exercices sur les structures algébriques

Exercice 4.1. *Soit P l'ensemble des entiers naturels pairs*

et I l'ensemble des entiers naturels impairs.

a) L'addition est-elle une loi de composition interne sur P ?

b) La multiplication est-elle une loi de composition interne sur P ?

c) L'addition est-elle une loi de composition interne sur I ?

d) La multiplication est-elle une loi de composition interne sur I ?.

Solution

a) Soient $n, n' \in P$, alors $\exists k, k' \in \mathbb{N}$ tels que $n = 2k$ et $n' = 2k'$.

Donc $n + n' = 2(k + k') = 2k'' \in P$.

Par suite l'addition est une loi de composition interne sur P.

b) Soient $n, n' \in P$, alors $\exists k, k' \in \mathbb{N}$ tels que $n = 2k$ et $n' = 2k'$.

Donc $n \times n' = (2k)(2k') = 4kk' = 2k'' \in P$.

Par suite la multiplication est une loi de composition interne sur P.

c) Soient $n, n' \in I$, alors $\exists k, k' \in \mathbb{N}$ tels que $n = 2k + 1$ et $n' = 2k' + 1$.

Donc $n + n' = 2k + 2k' + 2 = 2(k + k' + 1) = 2k'' \notin I$.

Par suite l'addition n'est pas une loi de composition interne sur I.

d) Soient $n, n' \in I$, alors $\exists k, k' \in \mathbb{N}$ tels que $n = 2k + 1$ et $n' = 2k' + 1$.

Donc $n \times n' = (2k + 1)(2k' + 1) = 2(2kk' + k + k') + 1 = 2k'' + 1 \in I$.

Par suite la multiplication est une loi de composition interne sur I.

Exercice 4.2. *Soit $A = \{z \in \mathbb{C},\ |z| = 1\}$.*

Montrer que la multiplication est une loi de composition interne sur A.

Solution

Soient z, z' deux éléments de A, donc $|z| = |z'| = 1$.

Alors $|z.z'| = |z|.|z'| = 1 \times 1 = 1$.

Donc $z.z' \in A$ et par suite la multiplication est une loi de composition interne sur A.

Exercice 4.3. 1) *Soit $E = F(\mathbb{R}, \mathbb{R})$ l'ensemble des applications de $\mathbb{R}$ dans $\mathbb{R}$.*

Montrer que la composition des applications de $\mathbb{R}$ dans $\mathbb{R}$ est une loi de composition interne non commutative sur E.

2) *Sur $\mathbb{N}^*$, on considère la loi de composition interne définie par $x * y = y^x$.*

Cette loi est-elle commutative ?

Solution

1. Soient $\begin{array}{rcl} f : \mathbb{R} & \longrightarrow & \mathbb{R} \\ x & \longmapsto & f(x) = x^3. \end{array}$

   et

   $\begin{array}{rcl} g : \mathbb{R} & \longrightarrow & \mathbb{R} \\ x & \longmapsto & g(x) = x + 5. \end{array}$ deux applications.

   On a

$$\begin{aligned} g\circ f:\mathbb{R} &\longrightarrow \mathbb{R}\\ x &\longmapsto (g\circ f)(x)=g[f(x)]=x^3+5. \end{aligned}$$

et

$$\begin{aligned} f\circ g:\mathbb{R} &\longrightarrow \mathbb{R}\\ x &\longmapsto (f\circ g)(x)=f[g(x)]=(x+5)^3. \end{aligned}$$

Donc $(g\circ f)\neq(f\circ g)$, par suite la composition des applications, est une loi de composition interne non commutaive.

2. Si $x=4, y=3$, on a : $4*3=3^4=81$ *et* $3*4=4^3=64$. Donc $4*3\neq 3*4$, par suite cette loi n'est pas commutative.

Exercice 4.4. 1) *On définit sur* $\mathbb{Q}$ *la loi interne* $*$ *par* $\forall x,y\in\mathbb{Q},\quad x*y=\dfrac{x+y}{2}$.

Montrer que $*$ *n'est pas associative.*

2) *Soient* $*$ *une loi associative,* $a\in E$ *et* $\perp$ *la loi de composition interne définie dans* E *par* $x\perp y=x*a*y$.

Montrer que $\perp$ *est associative.*

Solution

1. Soient $x,y,z\in\mathbb{Q}$.

   On a $(x*y)*z=\frac{x+y+2z}{4}$

   et $x*(y*z)=\frac{2x+y+z}{4}$. Donc $(x*y)*z\neq x*(y*z)$.

   Par suite $*$ n'est pas associative.

2. Soient $x,y,z\in E$.

   On a

$$\begin{aligned} (x\perp y)\perp z &= (x*a*y)\perp z\\ &= (x*a*y)*a*z\\ &= (x*a)*(y*a*z) \end{aligned}$$

et

$$\begin{aligned} x \perp (y \perp z) &= x * a * (y \perp z) \\ &= x * a * (y * a * z). \end{aligned}$$

Donc $(x \perp y) \perp z = x \perp (y \perp z)$, d'où $\perp$ est associative.

Exercice 4.5. 1) *Soit E un ensemble non vide.*

Trouver les éléments réguliers de $(P(E), \cap)$.

2) *Soit E un ensemble non vide.*

Trouver les éléments réguliers de $(P(E), \cup)$.

3) *On définit sur $\mathbb{N}$, les deux lois de composition internes par $x * y = x + 2y$ et $x \perp y = 2xy$.*

Montrer que $\perp$ est distributive par rapport à $*$.

Solution

1. Soit A un élément régulier de $(P(E), \cap)$.

   Comme $A \cap E = A \cap A$, alors $A = E$.

   Donc E est le seul élément régulier de $(P(E), \cap)$.

2. Soit B un élément régulier de $(P(E), \cup)$.

   Comme $B \cup \emptyset = B \cup B$, alors $B = \emptyset$.

   Donc $\emptyset$ est le seul élément régulier de $(P(E), \cup)$.

3. Soient $x, y, z \in \mathbb{N}$, il faut montrer que

$$x \perp (y * z) = (x \perp y) * (x \perp z)$$

et

$$(y * z) \perp x = (y \perp x) * (z \perp x).$$

On a

$$x\perp(y*z) = 2x(y*z) = 2xy + 4xz$$

$$(x\perp y)*(x\perp z) = (2xy)*(2xz) = 2xy + 4xz,$$

d'autre part

$$(y*z)\perp x = 2(y+2z)x = 2xy + 4xz$$

$$(y\perp x)*(z\perp x) = (2yx)*(2xz) = 2xy + 4xz$$

Par suite $\perp$ est distributive par rapport à $*$.

Exercice 4.6. 1) *Soit* $A = \{z \in \mathbb{C},\ |z| = 1\}$.

Montrer que A *est stable pour la multiplication et non stable pour l'addition.*

2) *Soit* $B = \{z \in \mathbb{C},\ z^n = 1\}$.

Montrer que B *est stable pour la multiplication.*

3) *Soient* $C = \{a + b\sqrt{5}, a, b \in \mathbb{Z}\}, \Omega = \mathbb{Q}$ *et*

$$f:\ \Omega \times C \longrightarrow \mathbb{R}$$

$$(\alpha, x) \longmapsto f(\alpha, x) = \alpha x$$

Montrer que f *est une loi externe sur* C.

4) *Soit* $D = \{(x, y, z) \in \mathbb{R}^3,\ x - 2y + z = 0\}$ *et*

$$f:\ \mathbb{R} \times D \longrightarrow \mathbb{R}^3$$

$$(\alpha, (x, y, z)) \longmapsto f(\alpha, (x, y, z)) = (\alpha x, \alpha y, \alpha z).$$

Montrer que f *est une loi externe sur* D.

Solution

1. • Soient $z, z' \in A$, comme $|zz'| = |z|.|z'| = 1$, alors A est stable pour la multiplication.

   • Soit $z \in A$, alors $|z| = 1$, d'où $-z \in A$ car $|-z| = 1$, d'autre part $z + (-z) = 0$, donc $z + (-z) \notin A$

car $|z+(-z)| = 0 \neq 1$.

Par suite A n'est pas stable pour l'addition.

2. Soient z, z' deux éléments de B, alors $z^n = 1$ et $z'^n = 1$ On a

$$(zz')^n = z^n \times z'^n = 1,$$

alors $zz' \in B$.

Par suite B est stable pour la multiplication.

3. Soient $\alpha \in \mathbb{Q}$ et $x = a + b\sqrt{5} \in C$.

On a

$$\alpha x = (\alpha a) + (\alpha b)\sqrt{5} \in C$$

donc f est une loi externe sur C.

4. Soient $\alpha \in \mathbb{R}, (x, y, z) \in D$.

On a

$$\alpha x - 2\alpha y + \alpha z = \alpha(x - 2y + z) = \alpha.0 = 0,$$

donc $f(\alpha, (x, y, z)) = (\alpha x, \alpha y, \alpha z) \in D$.

Par suite f est une loi de composition externe sur D.

Exercice 4.7. *On définit dans $\mathbb{R} - \{2\}$, l'opération interne $*$ par*

$\forall x, y \in \mathbb{R} - \{2\}$, $x * y = xy - 2(x+y) + 6$.

1) *Montrer que $(\mathbb{R} - \{2\}, *)$ est un groupe commutatif.*

2) *Résoudre dans $\mathbb{R} - \{2\}$, l'équation $x * x = 3$.*

3) *Montrer que pour tout $n \in \mathbb{N}$, l'ensemble $nz = \{na, a \in \mathbb{Z}\}$*

est un sous groupe du groupe $(\mathbb{Z}, +)$.

Solution

1) • **Commutativité**

Soient $x, y \in \mathbb{R} - \{2\}$. On a

$$\begin{aligned} x * y &= xy - 2(x+y) + 6 \\ &= yx - 2(y+x) + 6 \\ &= y * x \end{aligned}$$

donc $*$ est commutative.

• **Associativité**

Soient $x, y, z \in \mathbb{R} - \{2\}$, un calcul simple donne

$$\begin{aligned} (x * y) * z &= xyz - 2xy - 2xz - 2yz + 4x + 4y + 4z - 6 \\ &= x * (y * z), \end{aligned}$$

donc $*$ associative.

• **Elément neutre**

Soit $x \in E$. On a

$$\begin{aligned} x * e = x &\Rightarrow xe - 2(x+e) + 6 = x \\ &\Rightarrow (x-e)(e-3) = 0 \\ &\Rightarrow e = 3 \ car \ x \neq 2, \end{aligned}$$

donc l'élément neutre est $e = 3$.

• **Elément symétrique**

Soit $x \in \mathbb{R} - \{2\}$, cherchons x' tel que $x * x' = e$. On a

$$\begin{aligned} x * x' = e &\Rightarrow xx' - 2(x + x') + 6 = 3 \\ &\Rightarrow x' = \tfrac{2x-3}{x-2}, \end{aligned}$$

donc le symétrique d'un élément $x \in \mathbb{R} - \{2\}$ est $x' = \frac{2x-3}{x-2}$.

Conclusion : $(\mathbb{R} - \{2\}, *)$ est un groupe commutatif.

2) Soit $x \in \mathbb{R} - \{2\}$

$$\begin{aligned} x * x = 3 &\Rightarrow x^2 - 4x + 3 = 0 \\ &\Rightarrow x = 1 \text{ ou } x = 3. \end{aligned}$$

L'ensemble des solutions est $\{1, 3\}$.

3) $H = n\mathbb{Z},\ n \in \mathbb{N}$

•$H \neq \emptyset$ car $0 \in H$, car $0 = 0 \times a$.

• Soient $x, y \in H$, alors $\exists a, b \in \mathbb{Z}$ tels que

$$x = na,\ y = nb \text{ et } y' = -nb,$$

donc $x + y' = na - nb = n(a - b) = nc \in H$.

Par suite H est sous groupe de $(\mathbb{Z}, +)$.

Exercice 4.8. *Dans $\mathbb{Z}$, on définit deux lois $*$ et $\perp$ par*

$$\forall x, y \in \mathbb{Z}, \quad x * y = x + y + \alpha \quad \text{et} \quad x \perp y = xy + x + y + \lambda \quad \text{où } \alpha \text{ et } \lambda \in \mathbb{Z}.$$

1) *Montrer que $(\mathbb{Z}, *)$ soit un groupe commutatif.*

2) *Déterminer la valeur de λ, pour que $\perp$ est associative.*

3) *On suppose que $\lambda = 0$, déterminer la valeur de α de sorte que la loi $\perp$ soit distributive sur $*$.*

4) *En déduire la structure de $(\mathbb{Z}, *, \perp)$.*

Solution :

1) • Commutativité

Soient $x, y \in \mathbb{Z}$. On a $\quad x * y = x + y + \alpha = y + x + \alpha = y * x,$

donc $*$ est commutative.

- **Associativité**

Soient $x, y, z \in \mathbb{Z}$, on a $\quad (x * y) * z = x + y + z + 2\alpha = x * (y * z),$

donc $*$ est associative.

- **Elément neutre**

Soit $x \in \mathbb{Z}$,

$$\begin{aligned} x * e = x \quad &\Rightarrow \quad x + e + \alpha = x \\ &\Rightarrow \quad e = -\alpha, \end{aligned}$$

donc $*$ admet un élément neutre $e = -\alpha$.

- **Elément symétrique**

Soit $x \in \mathbb{Z}$, cherchons $x' \in \mathbb{Z}$ tel que $x * x' = e$.

$$\begin{aligned} x * x' = e \quad &\Rightarrow \quad x + x' + \alpha = -\alpha \\ &\Rightarrow \quad x' = -2\alpha - x. \end{aligned}$$

Conclusion :

$(\mathbb{Z}, *)$ est un groupe commutatif.

2) $\perp$ associative si $(x \perp y) \perp z = x \perp (y \perp z)$. On a

$$(x \perp y) \perp z = xyz + xy + xz + yz + x + y + (1 + \lambda)z + 2\lambda$$

et

$$x \perp (y \perp z) = xyz + xy + xz + yz + (1 + \lambda)x + y + z + 2\lambda.$$

Donc $\perp$ associative si et seulement si $1 + \lambda = 1$ c'est-à-dire $\lambda = 0$.

3) Comme $*$ est commutative, alors $\perp$ distributive sur $*$ si $\forall x, y, z \in \mathbb{Z}$, on a

$$x \perp (y * z) = (x \perp y) * (x \perp z).$$

On a

$$x\perp(y*z) = xy + xz + (1+\alpha)x + y + z + \alpha$$

et

$$(x\perp y)*(x\perp z) = xy + xz + 2x + y + z + \alpha.$$

Alors $\perp$ est distributive sur $*$ si et seulement si $\alpha + 1 = 2$, c'est-à-dire $\alpha = 1$.

4) Pour $\alpha = 1$ et $\lambda = 0$, on a

- $(\mathbb{Z}, *)$ groupe commutatif.
- $\perp$ est associative.
- $\perp$ est distributive par rappot à $*$.
- $\perp$ admet un élément neutre $e = 0$.
- $\perp$ est commutative.

Alors $(\mathbb{Z}, *, \perp)$ est un anneau commutatif.

Exercice 4.9. *1. Soit*

$$f: \ (\mathbb{R},+) \longrightarrow (\mathbb{R}^*,\times)$$

$$x \longmapsto f(x) = e^{\alpha x}, \ \alpha \in \mathbb{R}.$$

Montrer que f est un isomorphisme de groupes.

2. Soit $(G,*)$ un groupe, $a \in G$ fixé et soit

$$f: \ (G,*) \longrightarrow (G,*)$$

$$x \longmapsto f(x) = a * x * a', \quad a' \text{ désigne le symétrique de } a.$$

Montrer que f est un automorphisme.

3. Parmi les applications suivantes du groupe $(\mathbb{R}^*,\times)$, quels sont les homomorphismes de $(\mathbb{R}^*,\times)$ dans lui même ?

a) $f(x) = x^n, \ n \in \mathbb{N}.$

b) $f(x) = -\alpha x, \ \alpha \in \mathbb{R}.$

c) $f(x) = \dfrac{1}{x}.$

Solution :

1. Soient $x, y \in \mathbb{R}$, on a

$$f(x+y) = e^{\alpha(x+y)} = e^{\alpha x}.e^{\alpha y} = f(x).f(y),$$

donc f est un homomorphisme.

De plus, f est bijective et par suite f est un isomorphisme de groupes.

2. • Soient $x, y \in G$, on a

$$\begin{aligned} f(x * y) &= a * (x * y) * a' \\ &= (a * x) * y * a' \quad car \; * \; associative \\ &= (a * x) * (a' * a) * y * a' \\ &= (a * x) * a' * (a * y) * a' \\ &= f(x) * f(y). \end{aligned}$$

Donc f est un homomorphisme de groupe.

• Soit $y \in G, \exists ? x \in G$, tel que $y = f(x)$

$$\begin{aligned} y = f(x) &\Rightarrow y = a * x * a' \\ &\Rightarrow x = a' * y * a. \end{aligned}$$

L'équation $y = f(x)$ admet une unique solution, donc f est bijective.

Conclusion : f est un homomorphisme, bijective, alors f est un automorphisme de $(G, *)$.

3. **a)** Soient $x, y \in \mathbb{R}$, on a

$$f(x \times y) = (x \times y)^n = x^n \times y^n = f(x) \times f(y).$$

Donc f est un homomorphisme de $(\mathbb{R}^*, \times)$ dans $(\mathbb{R}^*, \times)$.

b) Soient $x, y \in \mathbb{R}$, on a

$$f(x \times y) = -(x \times y) \neq (-x) \times (-y) = f(x) \times f(y).$$

Donc f n'est pas un homomorphisme de $(\mathbb{R}^*, \times)$ dans $(\mathbb{R}^*, \times)$.

c) Soient $x, y \in \mathbb{R}^*$, on a

$$f(x \times y) = \frac{1}{xy} = \frac{1}{x} \times \frac{1}{y} = f(x) \times f(y).$$

Donc f est un homomorphisme de $(\mathbb{R}^*, \times)$ dans $(\mathbb{R}^*, \times)$.

Exercice 4.10. 1) *Soient $(G, *)$ un groupe, $(H_i)_{i \in I}$ une famille de sous groupes de G.*

Montrer que $H = \bigcap_{i \in I} H_i$ est un sous groupe de G.

2) *Soit $(G, *)$ un groupe.*

On appelle centre de G, la partie C de G définie par $C = \{x \in G, \forall y \in G, x * y = y * x\}$.

Montrer que C est un sous groupe de G.

3) *Soient $(G, *), (G', \perp)$ deux groupes, f est un homomorphisme du groupe $(G, *)$ dans le groupe $(G', \perp)$. H une partie de G.*

Montrer que si H est un sous groupe de G, alors $f(H)$ est un sous groupe de G'.

Solution :

1) • $\forall i \in I, e \in H_i$, donc $e \in \cap_{i \in I} H_i$, c'est-à-dire $H = \cap_{i \in I} H_i \neq \emptyset$.

• Soients $x, y \in \cap_{i \in I} H_i$, alors $\forall i \in I, x, y \in H_i$ et comme H_i est un sous groupe de G, alors $x * y' \in H_i, \forall i \in I$ donc $x * y' \in \cap_{i \in I} H_i$.

Par suite $H = \cap_{i \in I} H_i$ est un sous groupe de G.

2) • $C \neq \emptyset$, car l'élément neutre $e \in C$.

• Soient $a, b \in C$, montrons que $a * b' \in C$.

Soit $y \in C$, on a

$$\begin{aligned}(a*b')*y &= a*(b'*y)\\ &= a*(y*b')\\ &= (a*y)*b'\\ &= (y*a)*b'\\ &= y*(a*b').\end{aligned}$$

Donc $a*b' \in C$ et par suite C est un sous groupe de $(G,*)$.

3) • $f(H) \neq \emptyset$ car $H \neq \emptyset$ car H est un sous groupe de G.

• Soient $y_1, y_2 \in f(H)$, donc $\exists x_1, x_2 \in H$ tels que $y_1 = f(x_1)$ et $y_2 = f(x_2)$.

On a

$$y_1 \perp y_2 = f(x_1) \perp f(x_2) = f(x_1 * x_2) \in f(H)\ car\ x_1 * x_2 \in H$$

donc $f(H)$ est stable de $(G', \perp)$.

• Soit $y \in f(H)$, donc $\exists x \in H$ tel que $y = f(x)$.

Comme $f(x') \perp f(x) = f(x' * x) = f(e_G) = e_{G'}$.

Alors $f(x') = [f(x)]^{-1}$, d'où $y' = f(x') \in f(H)$.

Conclusion :

• $f(H) \neq \emptyset$

• $f(H)$ stable par $\perp$

• $\forall y \in f(H), y' \in f(H)$, y' le symétrique de y par rapport à $\perp$

donc $f(H)$ est un sous groupe de $(G', \perp)$.

Chapitre 5

Polynômes

5.1 *Généralités*

Dans ce chapitre, $\mathbb{K}$ dessignera $\mathbb{R}$ ou $\mathbb{C}$

Définition 5.1.1. *Un polynôme à coefficients dans* $\mathbb{K}$ *est une expression de la forme*

$$P(x) = a_0 + a_1X + ... + a_nX^n = \sum_{k=0}^{k=n} a_kX^k$$

où $n \in \mathbb{N}$ *et* $a_0, a_1, ..., a_n$ *sont des éléments de* $\mathbb{K}$

- *Les* a_k *sont appelés les coefficients du polynôme*
- *Le symbole* X *est appelé l'indéterminée*
- *L'ensemble des polynômes à une indéterminée* X*, à coefficients dans* $\mathbb{K}$ *est noté* $\mathbb{K}[X]$

Exemple

- $P_1(X) = X^2 + 4X - 5$ et $P_2(X) = 7$ sont deux polynômes
- $p_3(X) = X^5 + \sqrt{11X} + 2$ et $P_4(X) = \frac{X^3-X^2+1}{X+3}$ ne sont pas des polynômes.

5.1.1 Opérations sur les polynômes

Soient $P(X) = \sum_{k=0}^{k=n} a_kX^k$ et $Q(X) = \sum_{k=0}^{k=m} b_kX^k$ deux polynômes à coefficients dans $\mathbb{K}$, alors on définit les lois suivantes

- **Addition**

$(P+Q)(X)=\sum_{k=0}^{k=\max(n,m)} C_k X^k$

où $C_k = a_k + b_k$, pour tout $k \in \mathbb{N}$.

- **Multiplication**

$\lambda P(X)=\sum_{k=0}^{k=n} \lambda a_k X^k, \quad (P.Q)(X)=\sum_{k=0}^{k=n+m} C_k X^k$

où $C_k=\sum_{i=0}^{i=k} a_i b_{k-i}$, avec $a_k=0, \forall k \geq n+1$ et $b_k=0, \forall k \geq m+1$

- **Egalité**

Soient $\quad P(X)=\sum_{k=0}^{k=n} a_k X^k \quad$ et $\quad Q(X)=\sum_{k=0}^{k=n} b_k X^k$

$P=Q$ si et seulement si $a_k=b_k$, pour tout $k \in \mathbb{N}$.

Propriétés

Pour tout P, Q et $R \in \mathbb{K}[X]$, alors on a

- $P+Q=Q+p, \quad P.Q=Q.P$
- $0+P=P, \quad 1.P=P.$
- $(P+Q)+R=P+(Q+R), \quad (P.Q).R=P.(Q.R)$

5.2 Degré d'un polynôme

On appelle degré d'un polynôme P, le plus grand entier n tel que $a_n \neq 0$, on le note $deg(P)$.

- Si P est un polynôme nul, on pose par convention $deg(P)=-\infty$
- Si P est un polynôme constant , alors $deg(P)=0$

Exemple

- X^5-2X+7 est un polynôme de degré 5
- $X^{2n}+X^n+1$ est un polynôme de degré $2n$

- 9 est un polynôme de degré 0

Propriétés

Soient P et Q deux polynômes à coefficients dans $\mathbb{K}$, alors on a

$deg(P+Q) \leq max(deg(P), deg(Q)$

$deg(P.Q) = deg(P) + deg(Q)$

$deg(\lambda p) = deg(P)$, pour tout $\lambda \in \mathbb{K}$

5.3 Division des polynômes

Il existe de grandes similarités entre l'arithmétique dans $\mathbb{Z}$ et l'arithmétique dans $\mathbb{K}[X]$

5.3.1 Diviseur d'un polynôme

Définition 5.3.1. *Soient A, B deux polynômes non nuls, on dit que B divise A dans $\mathbb{K}[X]$, ou que A est un multiple de B, si et seulement si, il existe un polynôme $Q \in \mathbb{K}[X]$ tel que $A = Q.B$. on note B/A*

- *On dit qu'un diviseur de P est trivial s'il est de la forme λP ou bien λ avec λ un scalaire non nul*

Proposition

Soient A, B et $C \in \mathbb{K}[X]$

- Si A divise B et B divise A, alors $\exists \lambda \in \mathbb{K}^*$ tel que $A = \lambda B$
- Si A divise B et B divise C, alors A divise C
- Si C divise A et C divise B, alors C divise AU+BV, pour tout $U, V \in \mathbb{K}[X]$

5.3.2 Division euclidienne des polynômes

Théorème 5.3.1. *Soient $A, B \in \mathbb{K}[X]$ avec $B \neq 0$, alors il existe deux polynômes uniques Q et R*

tels que $\quad A = BQ + R$ *et* $degR < degB$

- *Si $R = 0$, on dit que B divise A*
- *Q s'appelle le quotient et R le reste de la division euclidienne de A par B.*

Exemple

$$A = X^4 - X^2 + 1 \quad et \quad B = X^2 - X + 1$$

La division euclidienne de A par B donne un quotient $Q = X^2 + X + 1$ et un reste $R = -2X + 2$

C'est -à -dire $X^4 - X^2 + 1 = (X^2 - X + 1)(X^2 + X - 1) - 2X + 2$

5.3.3 Algorithme d'Euclide

Soient A et B deux polynômes non nuls. En pratique pour calculer le pgcd(A,B), on effectue une division euclidienne de A par B, puis des divisions euclidiennes successives du quotient par le reste de la division antérieure. Le pgcd(A,B) est le dernier reste non nul. Cette manière de faire est appelée algorithme d'Euclide

Exemple

Calculons le $pgcd(X^3 + 3X^2 + 3X + 1, X^3 + 2X^2 + 2X + 1)$

On a

$$\begin{aligned} X^3 + 3X^2 + 3X + 1 &= (X^3 + 2X^2 + 3X + 1).1 + X^2 + X \\ X^3 + 2X^2 + 2X + 1 &= (X^2 + X)(X + 1) + X + 1 \\ X^2 + X &= (X + 1)X + 0 \end{aligned}$$

donc le $pgcd(X^3 + 3X^2 + 3X + 1, X^3 + 2X^2 + 2X + 1) = X + 1$

5.3.4 Polynômes premiers entre eux

Définition 5.3.2. *Deux polynômes A et B sont dits premiers entre eux si* $pgcd(A, B) = 1$

5.3.5 Théorème de Bézout

Théorème 5.3.2. *Soient A et B deux polynômes non nuls, alors il existe deux Polynômes U et V*

tel que $AU + BV = pgcd(A, B)$

Corollaire

Deux polynômes A et B sont premiers entre eux, si et seulement si, il existe deux Polynômes U et V

tel que $AU + BV = 1$

Lemme de Gauss

Soient A,B et $C \in \mathbb{K}[X]$, alors on a

si A divise BC et A et B sont premiers entre eux, alors A divise C.

5.3.6 Racines d'un polynôme

Définition 5.3.3. *Soit P un polynôme de* $\mathbb{K}[X]$. *On dit que l'élément* $\alpha \in \mathbb{K}$ *est une racine ou zéro de P si* $P(\alpha) = 0$

Exemple

Soit $P(X) = X^2 - 3X + 2$, le nombre $\alpha = 2$ est une racine de P car $P(2) = 0$

Proposition

Soient $P \in \mathbb{K}[X]$ et $\alpha \in \mathbb{K}$, alors on a

$P(\alpha) = 0 \Longleftrightarrow (X - \alpha)$ divise P

Remarque

Un polynôme, non nul de degré $n \in \mathbb{N}$ admet au maximum n racines.

5.3.7 Ordre de multiplicité

Définition 5.3.4. *Soit $\alpha \in \mathbb{K}$ une racine de $P \in \mathbb{K}[X]$. On appelle ordre de multiplicité de α, le plus grand entier k tel que $(X-\alpha)^k$ divise P*

- *Si $k = 1$, alors α est une racine simple*
- *Si $k = 2$, alors α est une racine double*

Proposition

Soit $P \in \mathbb{K}[X]$ et $\alpha \in \mathbb{K}$, alors on a une équivalence entre

i) α est une racine d'ordre k de P

ii) Il existe $Q \in \mathbb{K}[X]$ tel que : $P(X) = (X-\alpha)^k Q$ avec $Q(\alpha) \neq 0$

iii) $P(\alpha) = P'(\alpha) = ... = P^{(k-1)}(\alpha) = 0$

5.3.8 Polynômes irréductibles

Définition 5.3.5. *Soit $P \in \mathbb{K}[X]$ un polynôme de degré ≥ 1. On dit que P est irréductible si pour tout $Q \in \mathbb{K}[X]$ divisant P, alors soit $Q \in \mathbb{K}^*$, soit il existe $\lambda \in \mathbb{K}^*$ tel que $Q = \lambda P$.*

Dans le cas contraire on dit que P est réductible, il existe alors des polynômes A et B de $\mathbb{K}[X]$ tels que $P = A.B$, avec $degA \geq 1$ et $degB \geq 1$

Exemple

- Tous les polynômes de degré 1 sont irréductibles
- $X^2 - 4 = (X-2)(X+2) \in \mathbb{R}[X]$ est réductible
- $X^2 + 4 = (X+2i)(X-2i)$ est réductible dans $\mathbb{C}[X]$, mais est irréductible dans $\mathbb{R}[X]$
- $X^2 - 3 = (X-\sqrt{3})(X+\sqrt{3})$ est réductible dans $\mathbb{R}[X]$, mais irréductible dans $\mathbb{Q}[X]$

Lemme d'Euclide

Soit $P \in \mathbb{K}[X]$ un polynôme irréductible et soient $A, B \in \mathbb{K}[X]$.

Si P divise AB alors P divise A ou P divise B.

5.3.9 Factorisation

Théorème 5.3.3. *Tout polynôme non constant $P \in \mathbb{K}[X]$ s'écrit comme un produit de polynômes irréductibles unitaires $P = \lambda P_1^{k_1} P_2^{k_2} ... P_m^{k_m}$ où $\lambda \in \mathbb{K}^*, m \in \mathbb{N}^*$, $k \in \mathbb{N}^*$ et les P_i sont des polynômes irréductibles distincts. De plus cette décomposition est unique.*

Factorisation dans $\mathbb{C}[X]$

Théorème 5.3.4. *Les polynômes irréductibles de $\mathbb{C}[X]$ sont les polynômes de degré 1*

Alors pour tout $P \in \mathbb{K}[X]$ de degré $n \geq 1$, la factorisation s'écrit

$$P(X) = \lambda(X - \alpha_1)^{k_1}(X - \alpha_2)^{k_2}...(X - \alpha_m)^{k_m} = \lambda \prod_{k=1}^{m}$$

Factorisation dans $\mathbb{R}[X]$

Théorème 5.3.5. • *Les polynômes irréductibles de $\mathbb{R}[X]$ sont les polynômes de degré 1, ainsi que les polynômes de degré 2 ont un discriminant $\triangle < 0$*

• *Soit $P \in \mathbb{R}[X]$ de degré $n \geq 1$. Alors la factoristion s'écrit*

$$P(X) = \lambda(X - \alpha_1)^{k_1}(X - \alpha_2)^{k_2}...(X - \alpha_m)^{k_m}.Q_1^{l_1}.....Q_s^{l_s}$$

où les α_i sont les racines réelles distinctes de multiplicité k_i et les Q_i sont des polynômes irréductibles de degré 2, $Q_i = X^2 + \beta_i X + \gamma_i$ avec $\triangle = \beta_i^2 - 4\gamma_i < 0$

Exemple

$P(X) = 3X^5(X+2)^3(X^2+4)^2(X^2+X+3)$ est décomposé en facteurs irréductibles dans $\mathbb{R}[X]$.

• La décomposition dans $\mathbb{C}[X]$ est

$$P(X) = 3X^5(X+2)^3(X+2i)^2(X-2i)^2(X + \frac{1 - i\sqrt{11}}{2})(X + \frac{1 + \sqrt{11}}{2})$$

5.3.10 Fractions rationnelles

Définition 5.3.6. *une fraction rationnelle à coefficients dans $\mathbb{K}$ est une expression de la forme $F = \frac{A}{B}$ où $A, B \in \mathbb{K}[X]$ sont deux polynômes avec $B \neq 0$. En effectuant la division euclidienne de A par B, on obtient $F = \frac{A}{B} = E + \frac{R}{B}$*

où E et R deux polynômes de $\mathbb{K}[X]$ tels que $degR < degB$ ou $R = 0$

- *E est appelé partie entière de F*
- *$\frac{R}{B}$ est dite fraction propre*
- *F est irréductible si les polynômes A et B n'ont pas de racines communes.*

5.3.11 Décomposion en éléments simples sur $\mathbb{C}$

Théorème 5.3.6. *Soient $A, B \in \mathbb{C}[X]$ tel que $pgcd(A, B) = 1$ et*

$$Q(X) = (X - a_1)^{k_1}(X - a_2)^{k_2}...(X - a_m)^{k_m}$$

Soit $F = \frac{A}{B}$ une fraction rationnelle, alors il existe une seule décomposition en éléments simples de F

$$F = \frac{A}{B} = E + \frac{a_{1,1}}{(X-a_1)^{k_1}} + \frac{a_{1,2}}{(X-a_1)^{k_1-1}} + ... + \frac{a_{1,k_1}}{(X-a_1)} + \frac{a_{2,1}}{(X-a_2)^{k_2}} + ... + \frac{a_{2,k_2}}{(X-a_2)} + ...$$

Exemple

$$\frac{1}{X^2+4} = \frac{a}{X+2i} + \frac{b}{X-2i} = \frac{1}{4}i\left(\frac{1}{X+2i} - \frac{1}{X-2i}\right)$$

5.3.12 Décomposition en éléments simples sur $\mathbb{R}$

Soient $A, B \in \mathbb{R}[X]$ tel que $pgcd(A, B) = 1$, alors la fraction $F = \frac{A}{B}$ s'écrit de manière unique comme somme :

- d'une partie entière de E(X)
- d'éléments simples du type $\dfrac{a}{(X-\alpha)^k}$
- d'éléments simples du type $\dfrac{aX+b}{(X^2+\alpha X+\beta)^k}$

où $X-\alpha$ et $X^2+\alpha X+\beta$ sont les facteurs irréductibles de Q(X) et k sont inférieurs ou égaux à la puissanse correspondante dans cette factorisation

Exemple

Décomposer en éléments simples

$$F(X)=\frac{P(X)}{Q(X)}=\frac{3X^4+5X^3+8X^2+5X+3}{(X^2+X+1)^2(X-1)}$$

Comme $degP<degQ$, alors $E(X)=0$.

Le dénominateur est déjà factorisé sur $\mathbb{R}$ car X^2+X+1 est irréductible donc

$$F(X)=\frac{P(X)}{Q(X)}=\frac{aX+b}{(X^2+X+1)^2}+\frac{CX+d}{X^2+X+1}+\frac{e}{X-1}$$

D'après un calcul simple on trouve

$$F(X)=\frac{2X+1}{(X^2+X+1)^2}-\frac{1}{X^2+X+1}+\frac{3}{X-1}$$

.

5.4 Exercices sur les polynômes

Exercice 5.1. *1. Déterminer les nombres naturels non nuls tels que*

$x^2 - 1$ *divise* $x^4 + 5x^2 - (n-1)x^{n-1} + (n-8)x^n + 1$

2. Soit P un polynôme de degré 4 tel que $P(0) = 1, P(1) = 1, P(2) = 4, P(3) = 9$ *et* $P(4) = 16$

Déterminer le polynôme P.

Solution

1) Posons $P_n(x) = x^4 + 5x^2 - (n-1)x^{n-1} + (n-8)x^n + 1$

Comme 1 et -1 sont deux racines du polynôme $x^2 - 1$, alors pour que $x^2 - 1$ divise $P_n(x)$, il faut et il suffit que 1 et -1 sont deux racines de $P_n(x)$.

- $P_n(1) = 1 + 5 - (n-1) + (n-8) + 1 = 0$, alors 1 est une racine de $P_n(x)$, donc le polynôme $x - 1$ divise $P_n(x)$

- Si n pair, on a $P_n(-1) = 2n - 2 = 0$, alors $n = 1$ impair, contraduction avec n pair.

- Si n impair, on a $P_n(-1) = -2n + 16 = 0$, alors $n = 8$ pair, contraduction avec n impair.

Conclusion Le polynôme $x^2 - 1$ ne divise pas $P_n(x)$.

2) On peut traiter cette question avec deux méthodes

Première méthode

On pose $P(x) = ax^4 + bx^3 + cx^2 + dx + e$ avec a, b, c, d et e sont des scalaires

$P(0) = 1 \Rightarrow e = 1$

$P(1) = 1 \Rightarrow a + b + c + d = 0$

$P(2) = 4 \Rightarrow 16a + 8b + 4c + 2d = 3$

$P(3) = 9 \Rightarrow 81a + 27b + 9c + 3d = 8$

$P(4) = 16 \Rightarrow 256a + 64b + 16c + 4d = 15$

d'où on a le système

$$\begin{cases} a+b+c+d=0 \\ 16a+8b+4c+2d=3 \\ 81a+27b+9c+3d=8 \\ 256a+64b+16c+4d=15 \end{cases}$$

On trouve que $a = \frac{1}{24}, b = \frac{-5}{12}, c = \frac{59}{24}, d = \frac{-25}{12}$ et $e = 1$

Par suite $P(x) = \frac{1}{24}x^4 - \frac{5}{12}x^3 + \frac{59}{24}x^2 - \frac{25}{12}x + 1$

Deuxième méthode

On a

$P(1) = 1$, alors $P(1) - 1^2 = 0$

$P(2) = 4$, alors $P(2) - 2^2 = 0$

$P(3) = 9$, alors $P(3) - 3^2 = 0$

$P(4) = 16$, alors $P(4) - 4^2 = 0$.

Donc le polynôme $P(x) - x^2$ est un polynôme de degré 4, il existe alors un réel λ tel que

$P(x) - x^2 = \lambda(x-1)(x-2)(x-3)(x-4)$.

Pour $x = 0$, on trouve $\lambda = \frac{1}{24}$

Par suite

$$\begin{aligned} P(x) &= \frac{1}{24}(x-1)(x-2)(x-3)(x-4) + x^2 \\ &= \frac{1}{24}x^4 - \frac{5}{12}x^3 + \frac{59}{24}x^2 - \frac{25}{12}x + 1 \end{aligned}$$

Exercice 5.2. *Déterminer le pgcd des polynômes suivants*

a) $A(x) = x^4 + x^3 - 2x + 1$ *et* $B(x) = x^3 + x + 1$

b) $A(x) = x^5 + 3x^4 + x^3 + x^2 + 3x + 1$ *et* $B(x) = x^4 + 2x^3 + x + 2$

c) $A(x) = nx^{n+1} - (n+1)x^n + 1$ *et* $B(x) = x^n - nx + n - 1, n \in \mathbb{N}^*$

Solution

L'algorithme d'Euleur permet de calculer le *pgcd* de A et B par une suite de divisions euclidiennes

a) • $x^4 + x^3 - 2x + 1 = (x^3 + x + 1)(x + 1) - x^2 - 4x$

• $x^3 + x + 1 = (-x^2 - 4x)(-x + 4) + 17x + 1$

Donc $pgcd(x^4 + x^3 - 2x + 1, x^3 + x + 1) = pgcd(-x^2 - 4x, 17x + 1) = 1$, car les polynômes $-x^2 - 4x$ et $17x + 1$ n'ont pas de racine commune, alors les deux polynômes A et B sont premiers entre eux.

b) • $x^5 + 3x^4 + x^3 + x^2 + 3x + 1 = (x^4 + 2x^3 + x + 2)(x + 1) - x^3 - 1$

• $x^4 + 2x^3 + x + 2 = (-x^3 - 1)(-x - 2) + 2x^3 + 2$

• $-x^3 - 1 = (2x^3 + 1)(-1/2) + 0.$

Donc $pgcd(x^5 + 3x^4 + x^3 + x^2 + 3x + 1, x^4 + 2x^3 + x + 2) = x^3 + 1$

c) • $nx^{n+1} - (n + 1)x^n + 1 = (x^n - nx + n - 1)\,[nx - (n + 1)] + n^2(x - 1)^2$

• Si $n = 1$, alors $x^n - nx + n - 1 = 0$ et donc $pgcd(A, B) = (x - 1)^2$

• $(x^n - nx + n - 1) = (x - 1)(x^{n-1} - x^{n-2} + ... + x^2 + x - (n - 1))$

• Si $n \geq 2, 1$ est une racine de $x^{n-1} + x^{n-2} + ... + x^2 + x - (n - 1)$,

• $x^{n-1} + x^{n-2} + ... + x^2 + x - (n - 1) = (x - 1)(x^{n-2} + 2x^{n-3} + ... + (n - 1)x^2 + nx + (n - 1))$.

Donc $(x - 1)^2$ divise $x^n - nx + n - 1$

Par suite, le *pgcd* $(nx^{n+1} - (n + 1)x^n - 1, x^n - nx + n - 1) = (x - 1)^2$, pour tout $n \geq 2$.

Exercice 5.3. *a) Soit $P = x^n + a_{n-1}x^{n-1} + \ldots + a_1x + a_0$ un polynôme de degré $n \geq 1$ à cœfficients dans $\mathbb{Z}$. Démontrer que si P admet une racine $\alpha \in \mathbb{Z}$, alors celle-ci divise a_0.*

b) Les polynômes $x^3 - x^2 - 109x - 11$ et $x^{10} + x^5 + 1$ ont-ils des racines dans $\mathbb{Z}$?

Solution

a) Soit $\alpha \in \mathbb{Z}$ une racine de P, alors on a $\alpha^n + a_{n-1}\alpha^{n-1} + \ldots + a_1\alpha = -a_0$,

c'est-à-dire $\alpha(\alpha^{n-1} + a_{n-1}\alpha^{n-2} + \ldots + a_1) = -a_0$, d'où α divise a_0.

b) Si $x^3 - x^2 - 109x - 11$ admet une racine entière α, alors α divise 11,

d'où $\alpha \in \{-1, 1, -11, 11\}$

En remplace par ces quatres valeurs, on trouve que la seule racine est 11.

De même si $x^{10} + x^5 + 1$ admet une racine entière α, celle-ci divise 1 donc $\alpha \in \{-1, 1\}$, or 1 et -1 ne sont pas racines.

Ainsi $x^{10} + x^5 + 1$ n'a pas de racine entière.

Exercice 5.4. **1)** *Effectuer la division euclidienne de A par B*

a) $A = 3x^5 + 4x^2 + 1$, $B = x^2 + 2x + 3$

b) $A = x^4 - x^3 + x - 2$, $B = x^2 + x - 2$

2) *Effectuer la division selon les puissances croissantes de A par B à l'ordre k*

a) $A = 1 - 2x + x^3 + x^4$, $B = 1 + 2x + x^4$, $k = 2$

b) $A = 1 + x^3 - 2x^4 + x^6$, $B = 1 + x^2 + x^3$, $k = 4$

3) *À quelle condition sur a, b et $c \in \mathbb{R}$ pour que le polynôme $x^4 + ax^2 + bx + c$ soit divisible par $x^2 + x + 1$.*

Solution

1) En effectuant la division euclidienne de A par B, on obtient

a) $3x^5 + 4x^2 + 1 = (x^2 + 2x + 3)(3x^3 - 6x^2 + 3x + 16) - 41x - 47$

b) $x^4 - x^3 + x - 2 = (x^2 + x - 2)(x^2 - 2x + 4) - 7x + 6$

2) En effectuant une division suivant les puissances croissantes de A par B, on obtient

a) $1 - 2x + x^3 + x^4 = (1 + 2x + x^4)(1 - 4x + 7x^2) + x^3(-9 - 6x)$

b) $1 + x^3 - 2x^4 + x^6 = (1 + x^2 + x^3)(1 - x^2 - x^4) + x^5(1 + 2x + x^2)$

3) En effectuant la division euclidienne de A par B, on trouve

$x^4 + ax^2 + bx + c = (x^2 + x + 1)(x^2 - x + a) + (b - a + 1)x + c - a.$

A est divise B si le reste R dans la division euclidienne de A par B est nul.

C'est-à-dire $(b-a+1)x+c-a=0$ d'où $a=b+1$ et $c=a$.

Exercice 5.5. *Factoriser dans $\mathbb{R}[x]$, les polynômes suivants*

1) $x^3-x^2-14x+24$

2) x^4-6x^2+8

3) x^4+x^3-x-1

Solution

1) On pose $P(x)=x^3-x^2-14x+24$

On remarque que 3 est une racine de P, alors en effectuant la division euclidienne de P par $x-3$, on obtient

$$P(x)=(x-3)(x^2+2x-8).$$

On cherche ensuite les racines de x^2+2x-8, on trouve alors

$$x^2+2x-8=(x-2)(x+4).$$

Par suite la factorisation de P dans $\mathbb{R}[x]$ est

$$P(x)=(x-2)(x-3)(x+4).$$

2) $P(x)=x^4-6x^2+8$

On pose $y=x^2$, alors $x^4-6x^2+8=y^2-6y+8=(y-4)(y-2)$.

Par suite $x^4-6x^2+8=(x^2-4)(x^2-2)=(x-2)(x+2)(x-\sqrt{2})(x+\sqrt{2})$.

3) $P(x)=x^4+x^3-x-1$

On remarque que 1 est une racine de P, alors en effectuant la division euclidienne de P par $(x-1)$, on obtient

$$x^4 + x^3 - x - 1 = (x-1)(x^3 + 2x^2 + 2x + 1) = (x-1)Q(x).$$

On remarque aussi que -1 est une racine de Q, alors

$$Q(x) = (x+1)(x^2 + x + 1).$$

Le polynôme $x^2 + x + 1$ est un polynôme de degré 2 a un discriminant Δ égal à $-3 < 0$, et n'a donc pas des racines réelles.

Par suite

$$P(x) = (x-1)(x+1)(x^2 + x + 1).$$

Exercice 5.6. *Factoriser dans $\mathbb{R}[x]$ et dans $\mathbb{C}[x]$, les polynômes suivants*

1) $P(x) = -x^8 + 2x^4 - 1$

2) $P(x) = 1 - x^8$

Solution

1) $P(x) = -x^8 + 2x^4 - 1$

- La factorisation dans $\mathbb{R}[x]$

$$\begin{aligned} P(x) &= -x^8 + 2x^4 - 1 \\ &= -(x^4 - 1)^2 \\ &= -(x^2 - 1)^2 (x^2 + 1)^2 \\ &= -(x-1)^2 (x+1)^2 (x^2 + 1)^2. \end{aligned}$$

• La factorisation dans $\mathbb{C}[x]$

$$\begin{aligned} P(x) &= -(x-1)^2(x+1)^2(x^2+1)^2 \\ &= -(x-1)^2(x+1)^2(x+i)^2(x-i)^2. \end{aligned}$$

2) $P(x) = 1 - x^8$

• La factorisation dans $\mathbb{R}[x]$

$$P(x) = 1 - x^8 = (1 - x^4)(1 + x^4)$$

$\star$ $1 - x^4 = -(x-1)(x+1)(x+i)(x-i)$

$\star$ $1 + x^4 = 1 + 2x^2 + x^4 - 2x^2$

$$= (1+x^2)^2 - (\sqrt{2}x)^2 = \left(1 + x^2 - \sqrt{2}x\right)\left(1 + x^2 + \sqrt{2}x\right).$$

Les polynômes $x^2 - \sqrt{2}x + 1$ et $x^2 + \sqrt{2}x + 1$ sont deux polynômes irréductibles dans $\mathbb{R}[x]$ car leurs discriminants sont négatifs.

• la factorisation de $P(x)$ dans $\mathbb{R}[x]$

$$P(x) = -(x-1)(x+1)(x^2+1)(x^2 - \sqrt{2}x + 1)(x^2 + \sqrt{2}x + 1).$$

• La factorisation dans $\mathbb{C}[x]$

On a

$$x^2 - \sqrt{2}x + 1 = \left(x - \frac{\sqrt{2} - i\sqrt{2}}{2}\right)\left(x - \frac{\sqrt{2} + i\sqrt{2}}{2}\right)$$

$$x^2 + \sqrt{2}x + 1 = \left(x + \frac{\sqrt{2} + i\sqrt{2}}{2}\right)\left(x + \frac{\sqrt{2} - i\sqrt{2}}{2}\right)$$

donc

$$P(x) = -(x-1)(x+1)(x-i)(x+i)\left(x-\frac{\sqrt{2}-i\sqrt{2}}{2}\right)\left(x-\frac{\sqrt{2}+i\sqrt{2}}{2}\right)\times \left(x+\frac{\sqrt{2}+i\sqrt{2}}{2}\right)\left(x+\frac{\sqrt{2}-i\sqrt{2}}{2}\right).$$

Exercice 5.7. *Soit $P \in \mathbb{R}[x]$ défini par*

$$P(x) = 1 - x + x^2 - x^3 + x^4.$$

1) *Déterminer les racines de P.*

2) *Factoriser P dans $\mathbb{R}[x]$.*

3) *Factoriser P dans $\mathbb{C}[x]$.*

Solution

1) $P(x) = 1 + (-x) + (-x)^2 + (-x)^3 + (-x)^4 = \dfrac{1+x^5}{1+x}$.

$$P(x) = 0 \Leftrightarrow \begin{cases} x^5 = -1 \\ et \\ x \neq -1 \end{cases} \Leftrightarrow \begin{cases} x_k = e^{(\frac{2k+1}{5})i\pi}, \; k \in \{0,1,2,3,4\} \\ x \neq -1 \end{cases}$$

Alors $x_0 = e^{i\frac{\pi}{5}}, x_1 = e^{\frac{3i\pi}{5}}, x_2 = e^{i\pi} = -1, x_3 = e^{\frac{7i\pi}{5}} = e^{\frac{-3i\pi}{5}}, x_4 = e^{\frac{-i\pi}{5}}$.

On élimine la racine $x_2 = -1$.

2) La factorisation de P dans $\mathbb{C}[x]$

$$P(x) = (x - e^{i\frac{\pi}{5}})(x - e^{-i\frac{\pi}{5}})(x - e^{\frac{3i\pi}{5}})(x - e^{-\frac{3i\pi}{5}}).$$

3) La factorisation de P dans $\mathbb{R}[x]$

$$\begin{aligned} P(x) &= \left[x^2 - x\left(e^{i\frac{\pi}{5}} + e^{-i\frac{\pi}{5}}\right) + 1\right]\left[x^2 - x\left(e^{3i\frac{\pi}{5}} + e^{-3i\frac{\pi}{5}}\right) + 1\right] \\ &= \left(x^2 - 2x\cos(\frac{\pi}{5}) + 1\right)\left(x^2 - 2x\cos(\frac{3\pi}{5}) + 1\right). \end{aligned}$$

Exercice 5.8. **1)** *Soit P un polynôme de $\mathbb{R}[x]$ tel que $P(2i) = 0$.*

Montrer qu'il existe un polynôme Q de $\mathbb{R}[x]$, tel que

$$P(x) = (x^2 + 4)Q(x).$$

2) *Factoriser dans $\mathbb{C}[x]$, puis dans $\mathbb{R}[x]$,le polynôme*

$$P(x) = x^5 + 4x^3 + x^2 + 4$$

Solution

1) Comme $2i$ est une racine du polynôme P, alors $\overline{2i} = -2i$ est une racine de $\overline{P}$.

Comme P est un élément de $\mathbb{R}[x]$, alors $\overline{P} = P$, donc $-2i$ est une racine de P.

Le polynôme P admet deux racines $2i$ et $-2i$, il existe, alors un polynôme $Q \in \mathbb{R}[x]$ tel que : $P(x) = (x - 2i)(x + 2i)Q(x) = (x^2 + 4)Q(x)$.

Le polynôme $Q \in \mathbb{R}[x]$ puisque c'est le quotient dans la division euclidienne de $P \in \mathbb{R}[x]$ et $x^2 + 4 \in \mathbb{R}[x]$.

2) $P(x) = x^5 + 4x^3 + x^2 + 4$

On remarque que $2i$ est une racine de P, et puisque $P \in \mathbb{R}[x]$ et d'après la question précédente, il existe un polynôme $Q \in \mathbb{R}[x]$ tel que : $P(x) = (x^2 + 4)Q(x)$.

• En effectuant la division euclidienne de P par x^2+4, on obtient

$$P(x) = (x^2+4)(x^3+1).$$

• On cherche ensuite les racines de x^3+1 dans $\mathbb{C}[x]$, on trouve que l'équation $x^3+1=0$, admet -1, $\frac{1-i\sqrt{3}}{2}$ et $\frac{1+i\sqrt{3}}{2}$ comme racines dans $\mathbb{C}[x]$.

$$x^3+1 = (x+1)(x-\frac{1-i\sqrt{3}}{2})(x-\frac{1+i\sqrt{3}}{2}).$$

Par suite la fractorisation du polynôme P est

• Dans $\mathbb{R}[x]$

$$P(x) = (x^2+4)(x+1)(x^2-x+1).$$

• Dans $\mathbb{C}[x]$

$$P(x) = (x-2i)(x+2i)(x+1)(x-\frac{1-i\sqrt{3}}{2})(x-\frac{1+i\sqrt{3}}{2}).$$

Exercice 5.9. *Soit P un polynôme de $\mathbb{R}[x]$ défini par*

$$P(x) = x^8+2x^6+3x^4+2x+1.$$

1) *Montrer que $\alpha = e^{\frac{2i\pi}{3}}$ est une racine multiple de P.*

2) *En remarquant que P est un polynôme pair, donner toutes les racines de P ainsi que leur multiplicité.*

3) *Factoriser P dans $\mathbb{C}[x]$, puis dans $\mathbb{R}[x]$.*

Solution

1)

$$\begin{aligned} P(\alpha) &= \alpha^8 + 2\alpha^6 + 3\alpha^4 + 2\alpha^2 - 1 \\ &= \alpha^2 + 2 + 3\alpha + 2\alpha^2 + 1 \\ &= 3(\alpha^2 + \alpha + 1) \\ &= 3(e^{\frac{4i\pi}{3}} + e^{\frac{2i\pi}{3}} + 1) = 0 \end{aligned}$$

donc α est une racine de P.

D'autre part on a

$$P'(\alpha) = 8\alpha^7 + 12\alpha^5 + 12\alpha^3 + 4\alpha = 12(\alpha^2 + \alpha + 1) = 0.$$

Donc α est une racine de P, et par suite α est racine au moins double de P donc α est une racine multiple de P.

2) Comme le polynôme P est pair, alors $-\alpha$ est aussi une racine double de P,

P a des cœfficients réels, donc $\overline{\alpha} = \alpha^2$ est racine double et $-\overline{\alpha} = -\alpha^2$ est aussi racine double, cela fait 8 racines en tout.

Comme le polynôme P est de degré 8, on les a toutes, l'ordre de multiplicité est 1.

3) La factorisation de P

• Dans $\mathbb{C}[x]$

$$P(x) = (x-\alpha)^2(x-\alpha^2)^2(x+\alpha)^2(x+\alpha^2)^2.$$

• Dans $\mathbb{R}[x]$

$$\begin{aligned} P(x) &= \left[(x-\alpha)(x-\alpha^2)\right]^2 \left[(x+\alpha)(x+\alpha^2)\right]^2 \\ &= (x^2 + x + 1)^2(x^2 - x + 1)^2 \end{aligned}$$

Bibliographie

[1] Azoulay. Elie *Problèmes corrigés de mathématiques* - 2 éd.. - Paris : Dunod. (2002).

[2] Baba-Hamed.C et Benhabib.K, Algèbre 1.*Rappel de cours et exercices avec solutions.* O.P.U.(1985).

[3] Calvo.A et Calvo.B, *Algèbre générale.* Masson (1996).

[4] Ferrand.J.L et Arnaudiès, *Cours de Mathématiques Algèbre, tome 1.* Dunod (1978).

[5] Grunspan.C et Lanzmann.E, *Algèbre.* Vuibert (1994).

[6] Hitta. Amara, *Cours d'algèbre et exercices corrigés.* O.P.U. (1994).

[7] Lipschutz, Seymour, *Algèbre linéaire Cours et Problèmes600 Exercices Résolus* Série Schaum.(1981).

[8] Monier.J.M, *Algèbre.* Dunod (1991).

Printed by Books on Demand GmbH, Norderstedt / Germany